水利信息监测及水利信息化

刘明堂　胡万元　陆桂明　著

中国水利水电出版社
www.waterpub.com.cn
·北京·

内 容 提 要

本书主要介绍了水利信息监测仪器类型及原理，探讨了地表水和地下水的水情信息监测方法及仪器；研究了水利信息分类与编码规范化。力求做到内容丰富、简洁实用，便于读者对知识的理解、掌握和应用。

本书共八章，包括水利信息传感器相关参数及检测原理、地表水情信息监测、地下水水情、水质检测、滑坡监测技术及设备、渗流监测、水利信息标准化研究与编码设计、农田智能灌溉信息化系统应用案例等。

本书可作为水利信息监测和水利信息化系统设计类相关技术人员的参考书和自学用书。

图书在版编目（CIP）数据

水利信息监测及水利信息化 / 刘明堂，胡万元，陆桂明著. -- 北京 : 中国水利水电出版社，2018.12（2024.7 重印）

ISBN 978-7-5170-7345-1

Ⅰ. ①水… Ⅱ. ①刘… ②胡… ③陆… Ⅲ. ①水利工程－信息化－研究 Ⅳ. ①TV-39

中国版本图书馆CIP数据核字(2019)第007288号

策划编辑：石永峰　　责任编辑：张玉玲　　封面设计：梁　燕

书　名	水利信息监测及水利信息化 SHUILI XINXI JIANCE JI SHUILI XINXIHUA
作　者	刘明堂　胡万元　陆桂明　著
出版发行	中国水利水电出版社 （北京市海淀区玉渊潭南路 1 号 D 座　100038） 网址：www.waterpub.com.cn E-mail：mchannel@263.net（答疑） sales@mwr.gov.cn 电话：（010）68545888（营销中心）、82562819（组稿）
经　售	北京科水图书销售有限公司 电话：（010）68545874、63202643 全国各地新华书店和相关出版物销售网点
排　版	北京万水电子信息有限公司
印　刷	三河市德贤弘印务有限公司
规　格	170mm×240mm　16 开本　15 印张　190 千字
版　次	2019 年 1 月第 1 版　2024 年 7 月第 3 次印刷
印　数	4001—5000 册
定　价	68.00 元

前　言

水利是国民经济和社会发展的基础设施和基础产业。2011年的中央一号文件吹响了全面加快水利建设的新号角。“十二五”时期，我国重大水利工程建设全面提速，最严格水资源管理制度加快实施，水生态环境稳步改善，水利改革深入推进，各地纷纷加大水利投入。《水利改革发展“十三五”规划》（以下简称《规划》）明确提出了“十三五”水利改革发展的总体思路，严格落实防汛抗旱、饮水安全保障、水资源管理、水库安全管理等行政首长负责制。其中，《规划》中要求大力推进水利信息化建设，以水利信息化带动水利现代化。《规划》提出水利信息化应结合网络强国战略、“互联网+”行动计划、国家大数据战略等，全面提升水利信息化水平，完成水资源监控管理系统的建设。

经过水利部和水环境各行业多年的努力，我国现已建成了覆盖全国水系的水情和水质监测网络基本体系。但是，现有的水利信息系统在监测站网、水文水质数据共享、信息发布等方面还存在诸多不足。我国水利信息化建设还需要进一步完善和提高，特别是水利信息实时有效采集和水利数据使用的规范化和标准化。水利信息监测是水利信息化的基础环节之一，也是水利信息化的瓶颈和重中之重。水利信息监测系统的建设目标是要采用先进的仪器和设备，摆脱人工操作，实现在线动态监测，大大提高采集的时效性和可靠性。由于我国河流众多，水文和水质信息监测任务十分复杂和繁重。《规划》中要求加强水文监测服务能力建设，充实调整各类水文测站；加强水文监测中心建设，提高水文技术装备整体水平，提升水文巡测、水质分析和水文信息处理服务能力，建立手段先进、准确及时的水资源、水环境、水生态以及城市水文监测体系；促进水文信息共享和应用，提升水文信息服务的能力和水平。

同时，水利信息规范化和标准化是水利信息化得以实现的前提之一。为了推动水利信息化工作的技术进步，统一技术标准，加强科学管理，为社会提供及时、准确、全面的水情信息，提高水情信息的共享水平，水利部于2005年印发《实时雨水情数据库表结构与标识符标准》（SL 323－2015）。2013年，水利部国家水资源监控能力建设项目办公室颁布了《国家水资源监控能力建设项目标准》（SY 402－2013），对基础数据库表结构及标识符进行了规范。其目的是为规范国家水资源监控能力建设项目的设计、实施和管理，统一国家水资源监控能力建设项目数据库中基础数据的库表结构、数据表示及标识。水利信息规范化和标准化需要系统地研究水利信息分类与编码问题，主要研究信息分类及编码的基本理论、分类标准，基于水利工程信息模型系统的体系与架构，并构建适用于各阶段及各专业领域的水利信息分类标准和统一编码，为信息数据的集成化、规范化、标准化使用打下基础。

目前，我国已进入“互联网+”信息化高速发展的时代，物联网、移动互联网、大数据、智能感知、地理信息系统等信息技术正迅速地创新和完善着我们的工作方式。为不断加快完善水文水质监测信息化系统建设各项工作，进一步探讨水利信息采集和获取的最新方法，我们撰写了此书，供相关读者学习、参考。本书研究和探讨了水文水质监测技术及最新进展，并对水利信息化系统进行了设计，以期有助于广大水利从业者对水利新技术、新知识的了解，更好地推动新仪器、新设备在水文水质监测与水利信息化中的应用。本书研究了水利信息监测仪器类型及原理，探讨了地表水和地下水的水情和水质信息监测及仪器；同时还研究了水利信息分类与编码规范化。本书最后还研究了滑坡监测技术及设备、大坝和渠道渗流监测和水利信息化系统建设等，也可为防汛抗旱、山洪灾害监测预警、水库大坝安全监测、大中小微水利管理信息系统和水利数据库建设等提供参考和发挥辅助作用。

本书由华北水利水电大学的陆桂明教授组织撰写，由华北水利水电大学的刘明堂负责拟定大纲和撰写，由水利大数据分析与应用工程实验室的胡万元、郭龙负责撰写和修订；王丽、秦泽宁、姚荣志、张洋等也参与了撰写。所有撰写者及其分工为：刘明堂负责撰写第 1 章、第 2 章、第 3 章、第 6 章、第 8 章；王丽和胡万元负责撰写第 2 章（2.1 节、2.2 节）、第 7 章；秦泽宁和郭龙负责撰写第 4 章、第 5 章和第 9 章（9.3 节）；陆桂明负责撰写第 9 章。

黄河水利委员会黄河水利科学研究院李黎总工、华北水利水电大学刘雪梅教授等对本书的编写提出了许多宝贵意见，对此我们表示衷心的感谢。

由于能力有限，加之时间仓促，书中难免有些不足和错误之处，恳请各位专家和读者批评和指正，以期再版更正。

2018 年 6 月

郑州

目 录

第1章　绪论

1.1　水利信息化的目的和意义

水利（Water Conservancy）是指人类社会为了生存和发展的需要，采取各种措施，对自然界的水和水域进行控制和调配，以防治水旱灾害，开发利用和保护水资源。水利是国民经济和社会发展的基础设施和基础产业，不仅直接关系到我国防洪安全、供水安全、粮食安全，而且关系到经济安全、生态安全、国家安全。2011年的中央一号文件吹响了全面加快水利建设的新号角，推出最严格的水资源管理制度。“十二五”时期，党中央、国务院相继作出加快水利改革发展、保障国家水安全、推进重大水利工程建设等一系列决策部署，水安全上升为国家战略。五年来，重大水利等工程建设全面提速，最严格水资源管理制度加快实施，水生态环境稳步改善，水利改革深入推进。各地纷纷加大水利投入，其中，福建、广东等地水利投资超千亿，而河南水利投资较“十一五”更猛增6倍。“十二五”期间，全国水利建设完成总投资达到2万亿元，年均投资4000亿元，是“十一五”年均投资的2.9倍。

《水利改革发展“十三五”规划》（以下简称《规划》）是“十三五”国家重点专项规划之一，是今后一个时期加快水利改革发展的重要依据。《规划》明确提出了“十三五”水利改革发展的总体思路，严格落实防汛抗旱、饮水安全保障、水资源管理、水库安全管理等行政首长负责制。其中，《规划》中要求大力推进水利信息化建设，以水利信息化带动水利现代化。水利信息化（Water Resources

Information）是指充分利用现代信息技术，深入开发和利用水利信息资源，实现水利信息的采集、输送、存储、处理和服务的现代化，全面提升水利事业活动效率和效能的过程。对水利信息化发展现状及趋势的研究将有助于更好地为水利信息化建设提供支持。

水利信息化建设目标分为近期、中期和远期三个阶段。近期目标是广泛开发水利信息资源，基本建成水利信息网、水利数据中心和安全体系，基本形成水利信息化综合体系，有效解决信息资源不足和资源共享困难，提供满足基本业务需求的信息服务，提高水行政管理效率。《规划》要求水利信息化要结合网络强国战略、“互联网+”行动计划、国家大数据战略等，全面提升水利信息化水平，完成水资源监控管理系统建设；建立覆盖城镇和规模以上工业用水户、大中型灌区的取水计量设施和在线实时监测体系；加快推进国家防汛抗旱指挥系统、山洪灾害监测预警系统、大型水库大坝安全监测监督平台、覆盖大中小微水利工程管理信息系统和水利数据中心等应用系统建设，提高水利综合决策和管理能力；大力推进水利信息化资源整合与共享，建立国家水信息基础平台，提升水利信息的社会服务水平；加强水利信息网络安全建设，构建安全可控的水利网络与信息安全体系。

社会的发展是一个变加速的进程，安全保障日益得到重视，在建设和谐社会和以人为本的社会理念指导下，保护生命安全和环境安全的要求放到治水工作的首要位置。水利信息化建设对防灾减灾、环境保护、水资源管理、工程管理，进一步提高国家科学治水水平，建立人与水和谐的社会与环境，发挥着十分重要的作用。加快水利信息化技术的推广与应用，推进水利信息化建设是社会发展的必然需求。

1.2 水利信息监测的重要性

水在整个社会经济发展和生态环境中是起支配作用的一个因素，与民生有极大的关系。水循环中各个要素的定量监测极其重要，而水资源又包括量和质，它们之间也是会转换的，水污染后就不可利用，量也就减少了。我国近年来严重水污染事件仍时有发生，水环境的动态实时监测就显得十分重要了。同时，我国的洪涝灾害、地质灾害等也十分严峻，对各种自然灾害的有效监测是非常重要的。因此，水利信息监测能力是水利信息化的基础环节之一，也是水利信息化的瓶颈。水利信息监测系统的建设目标是要采用先进的仪器和设备，摆脱人工操作，实现在线动态监测，大大提高采集的时效性和可靠性。

水利信息监测（Water Resources Information Monitoring）是通过各种传感器，检测与水利相关的温度、湿度、风速、风向、雨量、水质、水流速、水量、视频图像或图片等数字化信息，通过有线通信或无线通信进行数据传输，上传到监视中心的水利信息管理系统。水利信息监测主要用于监视河流、湖泊、水库等运行情况，及时反映各水域的水信息特征，以便相关部门做出安排，防范洪涝灾害事故的发生。由于我国河流众多，水利信息监测任务十分复杂和繁重。《规划》中要求加强水文监测服务能力建设，充实调整各类水文测站，优化完善水文站网布局和功能，加强水土保持监测网络、重要水功能区和主要省界断面水质水量监测体系建设；加强水文监测中心建设，提高水文技术装备整体水平，提升水文巡测、水质分析和水文信息处理服务能力，建立手段先进、准确及时的水资源、水环境、水生态以及城市水文监测体系；丰富水文信息产品，建设国家水文数据库，促进水文信息的共享和应用，提升水文信息服务的能力和水平。

经过水利部和水环境各行业多年的努力，我国现已建成了覆盖全国水系的水情和水质监测网络基本体系。但是，现有的水利信息系统在监测站网、水文水质数据共享、信息发布等方面还存在诸多不足。我国水利信息化建设还需要进一步完善和提高，特别是动态水利信息采集和水利数据使用的规范化和标准化。目前，我国已进入“互联网+”信息化高速发展的时代，物联网、移动互联网、大数据、智能感知、地理信息系统等信息技术正迅速地创新和完善着我们的工作方式。

1.3 水利信息监测的现状及发展趋势

1. 水利信息化基础设施将得到进一步完善

水利信息网络建设和水利信息资源开发利用是水利信息化基础设施建设的重要组成部分，水利信息网络的建设可为防汛抗旱、政务、水资源管理、水质监测、水土保持等各种水利应用提供统一的数据传输平台。经过多年的水利建设，水利信息网络已成一定规模，并发挥了效益，在今后的建设中必将会得到进一步完善。在未来的建设过程中，如何充分利用建成的水利信息网络，实现对各种水利信息资源快捷、有效、全面地开发利用和管理以及实现水利信息资源的共享将成为建设重点。

2. 对水利信息化标准的要求进一步提高

标准化是全面推进水利信息化的技术支撑和重要基础，标准化的有效运用可使建设资源得到充分利用，加快信息化建设步伐。水利部2003年出版的《水利信息化标准指南》对水利信息化标准的编制与管理工作起到了重要的指导作用。为保证信息资源的共享及应用软件的相互兼容，实现各级各类水利信息处理平台的互联互通，水利部还将在今后的工作中提出后续的水利信息化标准编制计划，以进一步规范建设标准。

3. 水利信息数据已成规模

水利信息化基础设施建设的核心是运用先进的水利信息技术手段加强对水利信息的有效获取，形成水利信息综合采集系统，建成水利信息骨干广域网络和水利数据中心。目前已建成了连接全国流域机构和各省（市、区）的实时水情信息传输计算机广域网，为水利数据的实时快速传输创造了条件。在水利信息资源开发方面，已初步建成各流域、各省（市、区）的水文数据库和国家级水利政策法规数据库，能够对外提供初步的查询服务。同时还有一批数据库，如水利空间数据库、全国水土保持数据库、全国农田灌溉发展规划数据库、全国防洪工程库和全国蓄滞洪区社会经济信息库等正在启动建设中。

4. 水利信息化保障环境进一步改善

保障环境是水利信息化综合体系的有机组成部分，是水利信息化得以顺利进行的基本支撑。水利信息化保障环境包括水利信息化标准体系、安全体系、政策法规、组织管理和信息化人才等。水利信息化的建设需要一大批掌握国际国内先进信息系统开发及应用技术、信息及系统安全技术，精通项目建设管理的多层次、高水平信息化人才，这是水利信息化工作得以有序、高效、协调进行的关键。

5. 进一步研发水利信息采集新技术和新设备

经过水利部和水环境各行业多年的努力，我国现已建成了基本覆盖全国水系的水情和水质监测网络体系。水利部，各大流域、省、地区水情和水质中心可定期发布水情和水质公报，对全国水系水情和水质进行评估，这些建设成果为我国水资源保护做出了巨大贡献。然而现有的水利信息系统在监测站网、水文水质数据共享、信息发布等方面存在诸多不足。我国水利信息化建设还需要进一步完善和提高，特别是动态水利信息采集新技术的提升和水利信息监测的新设备的开发和使用。

1.4 河长制与水利信息化

河川之危、水源之危是生存环境之危、民族存续之危。当前我国水环境问题突出，对国家经济的发展产生了严重影响和制约，水环境治理和水生态修复已经上升到国家战略发展的高度。全面推行河长制是落实绿色发展理念、推进生态文明建设的内在要求，是解决我国复杂水问题、维护河湖健康生命的有效举措，是完善水治理体系、保障国家水安全的制度创新。

河长制下的水环境监测在《规划》指导下全面展开，进一步抓紧建成国家水资源管理系统，健全水资源监控体系，完善水资源监测、用水计量与统计等管理制度和相关技术标准体系；加强省界等重要控制断面、水功能区和地下水的水质水量监测能力建设；积极推行灌溉用水总量控制、定额管理，配套农业用水计量设施，加强灌区监测与管理信息系统建设，提高精准灌溉水平；加强大坝安全监测、水情测报、通信预警和远程控制系统建设，提高水利工程管理信息化、自动化水平；完善水文监测站网体系，提高自动化监测水平；加快国家地下水监测工程建设，完善地下水监控体系，建立国家地下水管理信息系统。

河长制管理信息系统以河长制工作任务为核心，以“互联网+”和大数据挖掘等信息化技术为手段，为解决河长制工作中存在的责权划分不清楚、协调沟通不顺与管理效率低下等一系列问题提供了强力的信息化手段，为实现河长制工作的高效性、便捷性、长效性开展提供了有力保障，为河长制管理模式在全国的推行和落实保驾护航。

1. 河长制管理信息系统亮点

河长制管理信息系统的特点有：利用行政管理专题、水利一张图专题、公共基础地图专题、公共服务专题结合河湖水环境治理信息、河湖水生态修复信息、河湖水资源信息、河湖资源保护信息、河湖水污染防治信息、河湖执法巡查信息、河湖长效管护信息、河湖综合功能提升信息来绘制河长制一张图。实现违法点、违法案件、排污口、取水口、水功能区域等信息按照河道、河长、网格、行政区划、业务等各种维度在河长制一张图上生动展现。

2. 运行模式

河长通过河长 App 利用移动平台，了解河道水质和污染源现状、制定河道治理实施方案、推动落实重点工程项目、协调解决重点难点问题，做好监督检查，确保完成河道治理的目标任务。

公众可以关注微信公众号进行社会监督，公众号向公众提供河道信息查询、治理动态、水质数据等服务，并设立公众投诉建议的操作入口。

河长制综合管理系统可以实现河长办监管考核河长、河长将信息上报给河长办的目标，同时公众也可以向河长和河长办投诉。

3. 河长制管理信息化系统

（1）公文管理：公文管理是河长、河长办以及业务协同部门处理河长制各项工作的场所，实现工作交办、工作承办、工作反馈以及工作督查等。系统具有完善的流程跟踪和控制功能，能够对公文的流转过程监控，记录当前状态、审签意见、承办单位办理进程以及反馈意见等内容。

（2）一河一档管理：一河一档管理通过对河湖的基础资料的信息化，实现对河湖的基本概况、水资源、水环境、水生态、水工程、岸线、排污口以及对应的河长等信息的管理和“一张图”展示。

（3）一河一策管理：一河一策管理通过对河湖管护方案的信息化，实现对河湖存在的问题、管护目标、工作任务、责任分工以及工作计划等信息的档案管理和“一张图”展示。

（4）业务管理：业务管理通过资源整合与共享、数据挖掘与分析、业务集成与开发，为河湖水资源管理、水污染防治、水环境治理、水生态修复等工作提供技术支撑，提升河长制工作人员对河道信息获取、业务处理和管理的能力。

（5）任务管理：任务管理依据河长制任务处理的工作程序，实现对任务上报、任务设定、任务派发、任务办理、任务验收和办结归档等全过程的信息化管理。系统可根据任务的性质、类型以及任务的处理情况，控制任务的合理流向，并提供分类、统计和分析等功能。

（6）巡查管理：巡查管理以移动互联网技术为支撑，利用 GIS、GPS、移动终端等技术和设备，为河长和相关工作人员提供现场巡查和排查手段，为日常巡查管理和问题上报处理提供服务。

（7）考核评分：考核评分将汇集到的考核数据按照既定的考核方案进行整理、汇总和计算，以河长制工作任务为依据，对考核指标完成情况进行考核和评价，确保河长制各项工作任务的有效落实。

1.5 水利大数据

随着信息技术在水利行业应用的日趋广泛，越来越多的水利信息化基础设施及应用系统，被应用到水利工程建设与管理、水行政业务处置等领域中，水利信息化长期的业务时间积累了大量异构且分散独立的业务数据。激光、遥感、GIS、BIM、传感网和射频技术等现代化技术的发展和应用，全面拓展了水利信息的空间尺度和要素类型。水利数据已逐渐呈现多源、多维、大量和多态的大数据特性，水利大数据的时代已经到来。

如何采集、传输、存储、处理和应用水利大数据，充分挖掘水利数据中蕴含的有用信息，为水利建设和管理提供依据和支撑，已成为水利信息化发展必须面对的问题和挑战。水利大数据目前重点在洪旱灾害管理、水利工程管理和水资源管理等方面开展了应用研究。其中洪旱灾害管理主要包括干旱监测及预警、洪灾监测及预警等；水利工程管理主要包括大坝安全监测、水库及水域水环境管理和水资源工程管理等；水资源管理主要包括水资源配置、水环境管理和水资源保护等。

水利大数据时代，可以利用大数据技术预测水文、水质、水环境变化，从而制定更加可行、合理的水资源政策和方案。在水资源配置方面，通过对水量分配、水资源调度、用水户及水权交易等数据进行多维度的统计分析，可以实时调整水库蓄泄水量和供水分配，从而高效地协调政府与市场关于水资源配置问题的关系。在水环境监测方面，随着通信技术和移动互联网的发展，通过对公民在网站、论坛、微信、微博等发布的突发水灾害事件进行数据共享、关联分析和挖掘利用，能够为水资源研究、水资源监测和预警、水资源管理决策等提供依据。在水资源保护方面，通过对重点工业行业的用水数据分析，可以不断完善水资源的使用制度，从而提高用水效率和效益。

1.6 参考的国家标准和行业规定

本书在撰写过程中，参考的一些国家标准和行业规定如下：

（1）《中华人民共和国国民经济和社会发展第十三个五年规划纲要》（中发办〔2016〕）；

（2）《全国水利信息化发展“十三五”规划》（水规计〔2016〕205 号）；

（3）《水文监测数据通信规约》（SL 651－2014）；

（4）《水环境监测规范》（SL 219－2013）；

（5）《地表水环境质量标准》（GB 3838－2002）；

（6）《饮用净水水质标准》（CJ 94－1999）；

（7）《生活饮用水卫生标准》（GB 5749－2006）；

（8）《滑坡防治工程勘查规范》（DZ/T 0218－2006）；

（9）《崩塌、滑坡、泥石流监测规程》（DZ/T 0223－2004）；

（10）《水文地质勘察规范》（GB 50027－2001）；

（11）《水利信息化顶层设计》（水文〔2010〕100 号）；

（12）《中共中央国务院关于加快水利改革发展的决定》（2011 年中央 1 号文件）；

（13）《关于大力推进信息化发展和切实保障信息安全的若干意见》（国发〔2012〕23 号）；

（14）《水利部关于深化水利改革的指导意见》（水规计〔2014〕48 号）；

（15）《水利信息化资源整合共享顶层设计》（水信息〔2015〕169 号）；

（16）《河南省水利信息化发展“十三五”规划》（豫水计〔2016〕79 号）；

（17）郑州市人民政府《关于加快智慧城市建设的实施意见》（郑政文〔2013〕180 号）；

（18）《郑州市水务管理信息系统建设项目可行性研究报告》（2015 年 12 月）；

（19）《地下水监测规范》（SL 183－2005）；

（20）《地下水监测井建设规范》（DZ/T 0270－2014）；

（21）《实时雨水情数据库表结构与标识符标准》（SL 323－2011）；

（22）《基础水文数据库表结构及标识符标准》（SL 324－2005）；

（23）《水质数据库表结构与标识符规定》（SL 325－2005）；

（24）《水资源监控管理数据库表结构及标识符标准》（SL 380－2007）；

（25）《水文基本术语和符号标准》（GB/T 50095－2014）；

（26）《水文情报预报规范》（SL 250－2008）；

（27）《水文自动测报系统技术规范》（SL 61－2003）；

（28）《水利工程水利计算规范》（SL 104－2015）；

（29）《水利信息系统初步设计报告编制规定》（SLZ 332－2005）。

第 2 章　水利信息传感器相关参数及检测原理

在水利工程实际的信息监测应用中，任何测量装置性能的优劣总要以一系列的指标参数衡量，通过这些参数可以方便地知道其性能。这些指标又称为特性指标。传感器有静态特性和动态特性，静态特性指传感器本身具有的特征，如线性度、精度、不重复性、温漂等；动态特性指传感器在应用中输入变化时，它的输出特性，是反映传感器对于随时间变化的输入量的响应特性。

用传感器测试动态量时，希望它的输出量随时间变化的关系与输入量随时间变化的关系尽可能一致，因此需要研究它的动态特性——分析其动态误差。由于水利信息监测的对象随时间的变化速度通常均较缓慢，因此多属于静态测量，故本节仅讨论传感器的静态特性。

2.1　基本仪器参数

静态特性表示传感器在被测输入量各个值处于稳定状态时的输出－输入关系。研究静态特性主要应考虑其非线性与随机变化等因素。衡量静态特性的重要指标是线性度、滞后、不重复性、分辨力与准确度、精度、漂移、稳定性等。

2.1.1　线性度

线性度（Linearity）又称非线性，是表征传感器输出—输入校准曲线与所选定的拟合直线（作为工作直线）之间的吻合（或偏离）程度的指标。通常用相对误差来表示线性度，即

$$e_L = \pm \frac{\Delta L_{max}}{y_{F \cdot S.}} \times 100\% \qquad (2\text{-}1)$$

式中：ΔL_{max}——输出平均值与拟合直线间的最大偏差；

$y_{F \cdot S.}$——理论满量程输出值。

显然，选定的拟合直线不同，计算所得的线性度数值也就不同。选择拟合直线应保证获得尽量小的非线性误差，并考虑使用与计算方便。下面介绍几种目前常用的拟合方法。

1. 理论直线法

如图 2.1（a）所示，以传感器的理论特性线作为拟合直线，它与实际测试值无关。其优点是简单、方便，但通常 ΔL_{max} 很大。

2. 端点线法

如图 2.1（b）所示，以传感器校准曲线两端点间的连线作为拟合直线。其方程式为

$$y = b + kx \qquad (2\text{-}2)$$

式中：b 和 k 分别为截距和斜率。这种方法也很简便，但 ΔL_{max} 也很大。

3. “最佳直线”法

这种方法以“最佳直线”作为拟合直线，该直线能保证传感器正反行程校准曲线对它的正、负偏差相等并且最小，如图 2.1（c）所示。由此所得的线性度称为“独立线性度”。显然，这种方法的拟合精度最高。通常情况下，“最佳直线”只能用图解法或通过计算机解算来获得。

当校准曲线（或平均校准曲线）为单调曲线，且测量上、下限处之正、反行程校准数据的算术平均值相等时，“最佳直线”可采用端点连线平移来获得。有时称该法为端点平行线法。

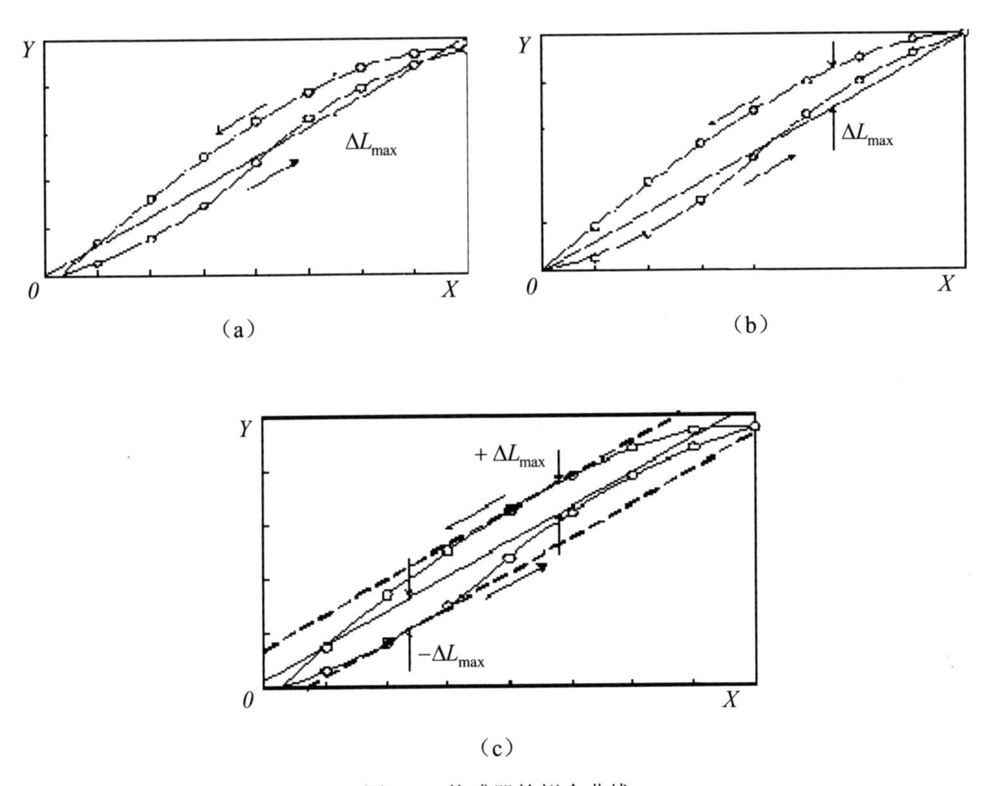

图 2.1 传感器的拟合曲线

4. 最小二乘法

这种方法按最小二乘法原理求取拟合直线，该直线能保证传感器校准数据的残差平方和最小。如用式（2-1）表示最小二乘法拟合直线，式中的系数 b 和 k 可根据下述分析求得。

设实际校准测试点有 n 个，则第 i 个校准数据 y_i 与拟合直线上相应值之间的残差为

$$\Delta_i = y_i - (b + kx_i) \tag{2-3}$$

按最小二乘法原理，应使 $\sum_{i=1}^{n}\Delta_i^2$ 最小；故由 $\sum_{i=1}^{n}\Delta_i^2$ 分别对 k 和 b 求一阶偏导数并令其等于零，即可求得 k 和 b：

$$k = \frac{n\sum x_i y_i - \sum x_i \cdot \sum y_i}{n\sum x_i^2 - (\sum x_i)^2} \tag{2-4}$$

$$b = \frac{\sum x_i^2 \cdot \sum y_i - \sum x_i \cdot \sum x_i y_i}{n\sum x_i^2 - (\sum x_i)^2} \tag{2-5}$$

最小二乘法的拟合精度很高，但校准曲线相对拟合直线的最大偏差绝对值并不一定最小，最大正、负偏差的绝对值也不一定相等。

2.1.2 滞后

滞后（Hysteresis）是反映传感器在正（输入量增大）反（输入量减小）行程过程中输出－输入曲线的不重合程度的指标。通常用正反行程输出的最大差值$\Delta H_{\max}$计算，并以相对值表示（图 2.2）。

$$e_H = \frac{\Delta H_{\max}}{Y_{F \cdot S.}} \times 100\% \tag{2-6}$$

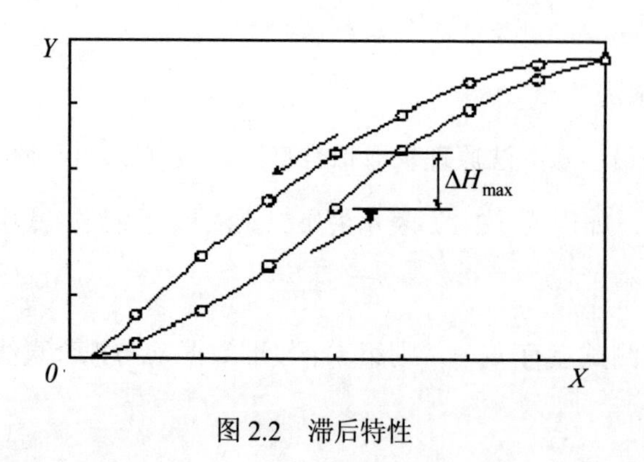

图 2.2 滞后特性

2.1.3 不重复性

不重复性（Non-Repeatability）是衡量传感器在相同工作条件下，输入量从同一方向作满量程变化，所得特性曲线间一致程度的指标。各条特性曲线越靠近，重复性越好。

2.1.4 分辨力与准确度

分辨力（Resolution）是传感器在测量范围内所能检测出被测输入量的最小变化量。有时用该值相对满量程输入值之百分数表示，则称为分辨率。

准确度（Accuracy）指被测量的测得值与其真值的一致程度，仪器系统误差小，则测量的准确度高。

2.1.5 精度

传感器的精度（Accuracy）是指测量结果的可靠程度，是测量中各类误差的综合反映。精度等级 A 以一系列标准百分数进行分档。

$$A = \frac{\Delta A}{Y_{F \cdot S.}} \times 100\% \tag{2-7}$$

A 指传感器的精度，ΔA 指测量范围内允许的最大绝对误差，$Y_{F \cdot S.}$ 是满量程输出。传感器设计和出厂检查时，其精度等级代表的误差指传感器测量的最大允许误差。

水利工程信息监测所使用的仪器设备有一些是典型意义上的传感器，如利用电容、电感、电阻原理制造的应变计、渗压计、测缝计等；也有不属于传感器范围的测量装置，如步进电机式坐标仪；还有一些是由传感器和配套设备组合的特殊测量系统，如由坐标仪和垂线组成的正倒垂系统，由引张线仪和引张线构成的引张线测量系统，由真空管道、波带板和接受屏组成的激光真空管道准直系统等。

对于一个监测系统中的某个仪器的精度进行现场测试和检验时，除因现场环境与室内标定时的差异造成误差外，监测系统结构本身也存在误差，例如引张线线体的张力、浮船和液体的滞迟等，因此监测系统中仪器的引用精度指标应较仪器的标称精度低。

2.1.6 漂移

传感器的漂移（Drift）是指在外界的干扰下，在一定时间间隔内，传感器输出量发生与输入量无关的、不需要的变化。漂移包括零点漂移、温漂和灵敏度漂移等。传感器的漂移曲线如图 2.3 所示。

$$零漂=\frac{\Delta Y_0}{Y_{F\cdot S.}}\times 100\% \tag{2-8}$$

$$温漂=\frac{\Delta_{max}}{Y_{F\cdot S.}\Delta T}\times 100\% \tag{2-9}$$

式中：ΔY_0 表示输入量为零时的输出量，$Y_{F\cdot S.}$ 满量程输出；Δ_{max} 为在温度差 ΔT 变化中的最大误差。

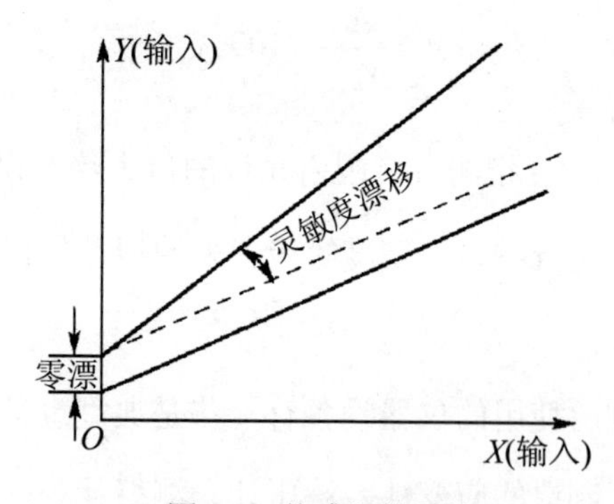

图 2.3 传感器的漂移

2.1.7 稳定性

稳定性（Stability）又称长期稳定性，即传感器在相当长时间内仍保持其性能的能力。稳定性一般以室温条件下经过一规定的时间间隔后，传感器的输出与起始标定时的输出之间的差异来表示。一般仪器稳定性用一段时间内传感器输出变化对满量程的百分比表示，如“0.5% F·S/a”。

2.2 误差分析及数据处理

2.2.1 测量误差的基本概念

1. 测量误差的定义

测量的目的是获得被测量的真值。因此，测量误差就定义为测量值 x 和真值 A 之间的差 Δx 。其定义如式（2-10）所示。

$$\Delta x = x - A \tag{2-10}$$

A 为真值，表示在一定的时间和空间环境条件下，被测量本身所具有的真实数值。所有测量结果都带有误差。

2. 测量误差的来源

（1）仪器误差：由于测量仪器及其附件的设计、制造、检定等不完善，以及仪器使用过程中老化、磨损、疲劳等因素而使仪器带有的误差。

（2）影响误差：由于各种环境因素（温度、湿度、振动、电源电压、电磁场等）与测量要求的条件不一致而引起的误差。

（3）理论误差和方法误差：由于测量原理、近似公式、测量方法不合理而造成的误差。

（4）人身误差：由于测量人员感官的分辨能力、反应速度、视觉疲劳、固有习惯、缺乏责任心等原因，在测量中使用操作不当、现象判断出错或数据读取疏失等而引起的误差。

（5）测量对象变化误差：测量过程中由于测量对象变化而使得测量值不准确，如引起动态误差等。

2.2.2 测量误差的表示方法

测量误差有绝对误差和相对误差两种表示方法。

1. 绝对误差

由测量所得到的被测量值与其真值之差，称为绝对误差，如式（2-11）所示。

$$\Delta x = x - A_0 \tag{2-11}$$

A_0表示真值，实际应用中常用实际值A（高一级以上的测量仪器或计量器具测量所得之值）来代替真值。所以绝对误差Δx又可以表示为式（2-12）。

$$\Delta x = x - A \tag{2-12}$$

2. 相对误差

一个量的准确程度，不仅与它的绝对误差的大小有关，而且与这个量本身的大小有关。

相对误差γ是绝对误差Δx与被测量的真值A_0之比。相对误差是两个有相同量纲的量的比值，只有大小和符号，没有单位，如式（2-13）所示。

$$\gamma = \frac{\Delta x}{A_0} \times 100\% \tag{2-13}$$

3. 满度相对误差（引用相对误差）

满度相对误差（引用相对误差）是指用测量仪器在一个量程范围内出现的最大绝对误差Δx_m与该量程值x_m（上限值和下限值之差）之比来表示的相对误差，称为满度相对误差（或称引用相对误差），如式（2-14）所示。

$$\gamma_m = \frac{\Delta x_m}{x_m} \times 100\% \tag{2-14}$$

电工仪表就是按引用误差之值γ_m进行分级的。其等级是指仪表在工作条件下不应超过的最大引用相对误差。我国电工仪表共分七级：0.1，0.2，0.5，1.0，1.5，2.5及5.0。如果仪表为S级，则说明该仪表的最大引用误差不超过S%。测量点的最大相对误差γ_x如式（2-15）所示。

$$\gamma_x = \frac{x_m}{x} S\% \tag{2-15}$$

式中：x_m 表示该测量点的最大绝对误差；x 表示该测量点的量程值。在使用这类仪表测量时，应选择适当的量程，使示值尽可能接近于满度值，指针最好能偏转在不小于满度值 2/3 以上的区域。

2.2.3 各种误差的分类及数据处理方法

正确认识误差以及误差所分布的大小范围，对于准确的解释和利用检测结果是十分重要的。表 2.1 是对各种误差情况的归类[2]。

表 2.1　误差分析与数据处理

误差来源	误差产生原因	处理方法
系统误差	因仪器本身特性产生的误差： 元件性能或结构误差； 零点漂移； 量程与分辨率的误差； 量化误差； 标定误差	在实际操作中，应按照测量常规进行操作，及时发现测量仪器的不足，消除可能引起的误差；为防止仪器的精度因长期使用或环境恶劣而降低，须严格进行周期性的检定和维修
随机误差	算术平均值： 在同一量的多次检测过程中，以不可知方式变化引起的误差	从理论上讲，随机误差的分布中心是真值。但真值未知。因此，随机误差与标准偏差也就是未知量。因此，为了正确评定随机误差，应对测量进行统计处理。测量列的算术平均值 设测量列为 S_1，S_2，…，S_n，则算术平均值为： $\overline{S}=\sum_{k=1}^{n}(S_k/n)$ （n 为测量次数） 残余误差（简称“残差”）为 $v_k=S_k-\overline{S}$ 这些值的观测方法都是越小越好
	标准偏差： 测量的随机产生	贝塞尔公式估算标准偏差：$T(S_k)=[v_k^2/(n-1)]^{1/2}$ 测量中任一测量值标准偏差的统计公式： $S=S_k\pm kT(S_k)$，k 为包含因子
	算术平均值的标准偏差： 随机性产生	测量列算术平均值扩展不确定度：$U=\pm kT(\overline{S})$ 多次测量的结果：$S=(\overline{S})\pm kT(\overline{S})$

续表

误差来源	误差产生原因	处理方法
粗大误差	粗大误差： 大意读错示值、粗心算错；使用有缺陷的仪器测量；检测仪器故障；外界环境干扰等因素造成	利用粗大误差剔除的准则：格拉布斯准则、3σ 准则、拉依达准则（又称 $3S$ 准则）等，从检测的数据中剔除。该准则认为当测量列服从正态分布，残差落在 $\pm 3S$ 外的概率仅有 0.2700，即在 370 次测量中只有一次测量的残差超出 $\pm 3S$，实际上测量次数决不会超出 370 次。因此，当残差绝对值 $\{v_k\} > 3S$，则认为该残差对应的测量值含有粗大误差，应予以剔除

如果采用本文说的前几种方法，则该误差实际反映传感器准确度，表示传感器测值接近真值的程度。一般根据非线性、滞后、重复性误差来计算综合误差，即

$$e_S = \pm\sqrt{e_L^2 + e_H^2 + e_R^2} \tag{2-16}$$

在仪器不重复性误差、滞后误差较小时，用二次拟合曲线方法给出仪器综合误差。此方法给出的传感器的准确度较高。

2.3 常用传感器的类型和基本原理

2.3.1 差动电阻式传感器

1. 仪器原理

差动电阻式传感器习惯上又称卡尔逊式仪器。这种仪器利用张紧在仪器内部的弹性钢丝作为传感元件，将仪器受到的物理量转变为模拟量。

当钢丝受到拉力作用而产生弹性变形时，其变形与电阻变化之间有如下关系式：

$$\Delta R / R = \lambda \Delta L / L \tag{2-17}$$

式中：R 为钢丝电阻；ΔR 为钢丝电阻变化量；L 为钢丝长度；ΔL 为钢丝长度变化量；λ为钢丝电阻应变灵敏系数。

利用式（2-17），可通过测定电阻变化来求得仪器承受的变形。

图 2.4 是差动电阻式仪器的构造原理示意图。在仪器内部围绕着电阻值相近的直径仅为 0.04～0.06mm 的电阻钢丝 R_1 和 R_2，两电阻比值为

受外力作用前
$$Z_1 = \frac{R_1}{R_2} \tag{2-18}$$

受外力作用后
$$Z_2 = \frac{R_1 + \Delta R_1}{R_2 - \Delta R_2} \tag{2-19}$$

由于 $R_1 \approx R_2 \approx R$，$|\Delta R_1| \approx |\Delta R_2| \approx |\Delta R|$，因此电阻比的变化量为

$$\Delta Z = Z_2 - Z_1 = \frac{R_1}{R_2}(\frac{\Delta R_1}{R_1} + \frac{\Delta R_2}{R_2}) \approx \frac{2\Delta R}{R} \tag{2-20}$$

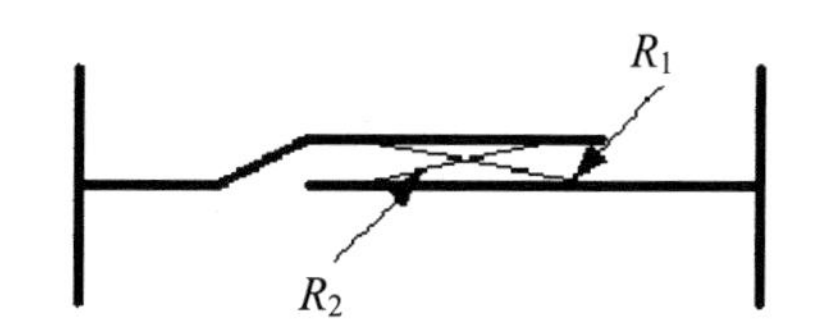

图 2.4　差动电阻式仪器构造原理示意图

此外，仪器电阻值随温度而变化，一般在-50℃～100℃范围内，可按下式表示：

$$\left.\begin{aligned} R_T &= R_0(1 + \alpha T + \beta T^2) = R_0 + \frac{T}{a'} \\ T &= a'(R_T - R_0) \end{aligned}\right\} \tag{2-21}$$

式中：T 为温度（℃）；R_0、R_T 分别为 0℃和 T℃时仪器电阻（Ω）；α、β为分别为钢丝电阻一次与二次温度系数，一般取 2.89×10^{-3}（1/℃）及 2.2×10^{-6}（1/℃）。该关系为二次曲线，为简化计算，一般采用零上、零下两个近似直线进行拟合，则

$$R_T = R_0（1+a' T） \tag{2-22}$$

或
$$R_T = R_0（1+a'' T） \tag{2-23}$$

式中：a'为0℃以上时的温度系数（℃/Ω），a''为0℃以下时的温度系数（℃/Ω），$a'' \approx 1.09\,a'$。

由上述可知，在仪器的观测数据中，包含着有外力作用引起的Z和由温度变化引起的T两种因数，所要观测的物理量P应是Z和T的函数，即$P=\psi(Z,T)$。在原型观测中：

$$P = f\Delta Z + b\Delta T \tag{2-24}$$

式中：f为仪器最小读数（10^{-6}/0.01%）；b为仪器温度补偿系数（10^{-6}/℃）；ΔT为仪器温度变化量，ΔZ为仪器电阻比变化量。

2. 仪器结构

差动电阻式传感器基于上述原理，利用弹性钢丝在力的作用和温度变化下的特性设计而成。一般仪器内两方型铁杆上安装两对圆瓷子（也可以是一对圆瓷子和一对半圆瓷子），把有一定张力的两根钢丝绕在两对瓷子上。当仪器受到外力变形时，一组钢丝受拉，一组钢丝受压，两组钢丝电阻为R_1、R_2，分别用黑、红、白三芯电缆引出（图2.5）。

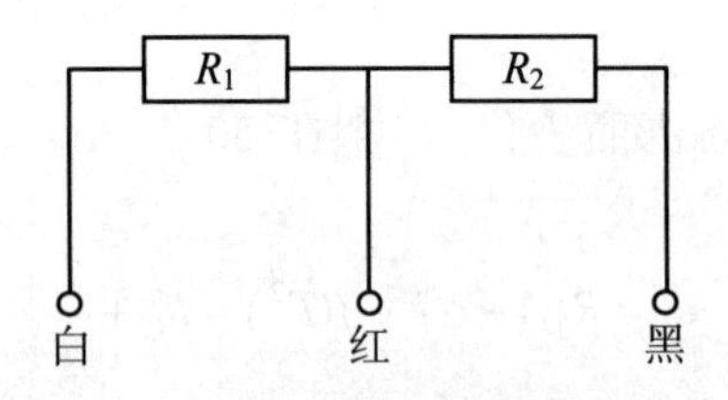

图2.5 差阻式仪器三芯接线

3. 测量

差动电阻式传感器的内阻较低，在60～80Ω之间。因此，仪器电缆的芯线电阻或芯线接触电阻变差等会给测量带来较大误差。我国发明了利用恒流源技术，用五芯电缆（图2.6）接法测量仪器电阻、电阻比的方法，消除了导线电阻及其变化对测值的影响，为仪器实现远距离自动化精确测量创造了条件。

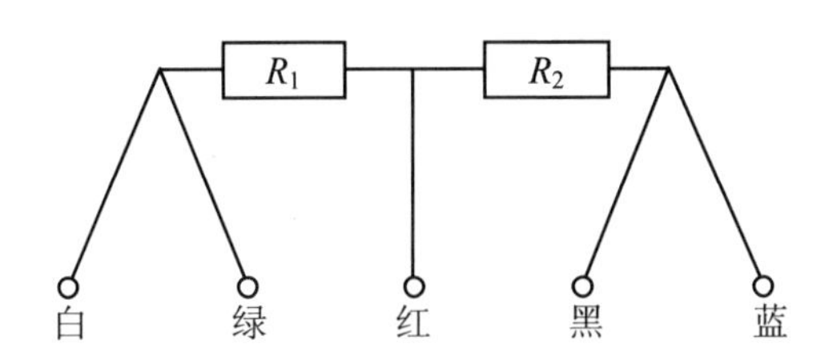

图 2.6 差阻式仪器五芯接线

4. 该类仪器的特点及注意事项

我国从 20 世纪 60 年代开始研制生产差阻式系列传感器，到目前为止，已有 20 余万支差阻式仪器用于水电建设工程，在工程安全监测领域发挥了很大作用，而我国也成为生产差阻式监测仪器最多的国家。由于该类仪器具有长期稳定可靠，并能兼测温度，在高水压下也可以长期可靠地工作等优点，加之我国发明了五芯测量技术，解决了长电缆测量中的电缆电阻及接线电阻变差等影响，为差阻式系列传感器实施自动化监测开辟了广阔前途。

差动电阻式传感器内的高强钢丝直径一般为 0.04～0.06mm，钢丝极限强度一般为 3000MPa。因仪器为两组钢丝差动变化，需先对钢丝预加 250～470g 的张力，对 0.05mm 的仪器钢丝而言，在不工作的状态下，钢丝所受张力为 1300～2400MPa。所以该类仪器不耐震，更不能碰撞。在仪器率定及安装埋设过程中必须注意，否则极易造成仪器钢丝损坏而失效。由于仪器钢丝工作在高应力状态，所以仪器的超载能力差，现场率定时一定要注意。另外，现场仪器电缆接长时接头处理不好或电缆绝缘下降都会对测量结果造成影响。

2.3.2 电容式传感器

电容器是电子技术的三大类无源元件（电阻、电感和电容）之一，利用电容器的原理，将非电量转换成电容量，进而实现非电量到电量的转化的器件或装置，称为电容式传感器。它实质上是一个具有可变参数的电容器。

2.3.2.1 电容传感器工作原理

用两块金属平板作电极可构成电容器，当忽略边缘效应时，其电容为

$$C=\frac{\varepsilon S}{d}=\frac{\varepsilon_r \varepsilon_0 S}{d} \tag{2-25}$$

式中：S 为极板相对覆盖面积；d 为极板间距离；ε_r 为相对介电常数；ε_0 为真空介电常数，ε_0=8.85pF/m；ε 为电容极板间介质的介电常数。

当被测参数变化使得上式中的 S、d 或 ε 发生变化时，电容量 C 也随之变化。如果保持其中两个参数不变，而仅改变其中一个参数，就可把该参数的变化转换为电容量的变化，通过测量电路就可转换为电量输出。电容器结构如图 2.7 所示。

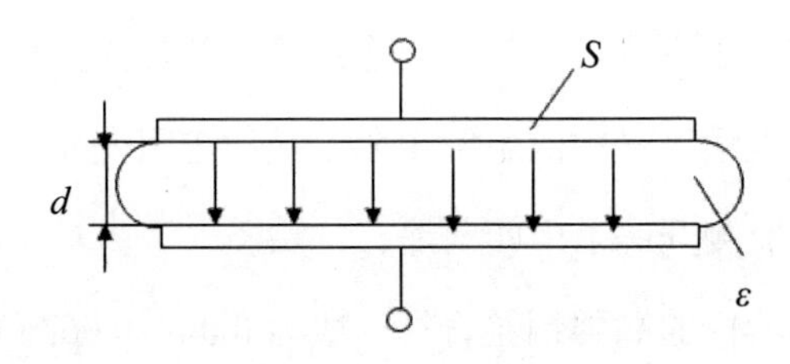

图 2.7 电容器结构

2.3.2.2 电容传感器特点

电容式传感器具有的优点：测量范围大、灵敏度高、结构简单、适应性强、动态响应时间短、易实现非接触测量等。其具有的缺点：寄生电容影响较大。即连接导线电容和本身的泄漏电容，寄生电容降低灵敏度，引起非线性误差，甚至致使传感器处于不稳定工作状态；用变间隙原理进行测量时具有非线性输出特性。

电容式传感器可分为变极距型、变面积型和变介电常数型三种。由于材料、工艺，特别是测量电路及半导体集成技术等方面已达到了相当高的水平，因此寄生电容的影响得到了较好的解决，使电容式传感器的优点得以充分发挥。电容式传感器应用在压力、位移、厚度、加速度、液位、物位、湿度和成分含量等测量领域之中。

2.3.3 电感式传感器

电感式传感器是一种利用线圈自感和互感的变化实现非电量电测的装置。其可以应用于位移、振动、压力、应变、流量、比重等测量领域。电感式传感器可根据转换原理，分自感式和互感式两种；其又根据结构型式，可分为气隙型和螺管型两种。

2.3.3.1 气隙型自感传感器

1. 工作原理

根据电磁感应定律，当一个线圈中电流 I 变化时，该电流产生的磁通 Φ 也随之变化，因而在线圈本身产生感应电势，这种现象称为自感。产生的感应电势称为自感电势。

变磁阻式传感器的结构如图 2.8 所示。它由线圈、铁芯和衔铁三部分组成。铁芯和衔铁由导磁材料（如硅钢片或坡莫合金）制成，在铁芯和衔铁之间有气隙，气隙厚度为 δ，传感器的运动部分与衔铁相连。

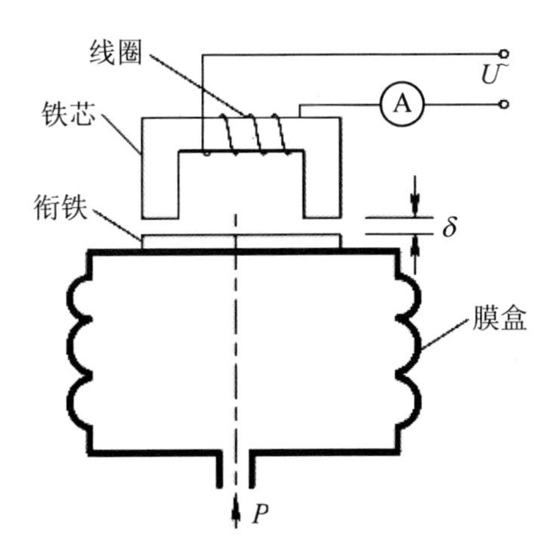

图 2.8　变磁阻式传感器的结构

根据对电感的定义，线圈中电感量可由下式确定：

$$L=\frac{\psi}{I}=\frac{N\phi}{I} \tag{2-26}$$

式中：ψ 为线圈总磁链；I 为通过线圈的电流；N 为线圈的匝数；ϕ为穿过线圈的磁通。当衔铁移动时，气隙厚度δ发生改变，引起磁路中磁阻变化，从而导致电感线圈的电感值变化。因此只要能测出这种电感量的变化，就能确定衔铁位移量的大小和方向。

2. 特性分析

变磁阻式传感器的主要特性是有灵敏度和线性度。当铁芯和衔铁采用同一种导磁材料，且截面相同时，因为气隙δ一般较小，故可认为气隙磁通截面与铁芯截面相等，设磁路总长为 l。差动变气隙式自感传感器由两个电气参数和磁路完全相同的线圈组成。当衔铁 3 移动时，一个线圈的自感增加，另一个线圈的自感减少，形成差动形式。差动变气隙式自感传感器如图 2.9 所示。

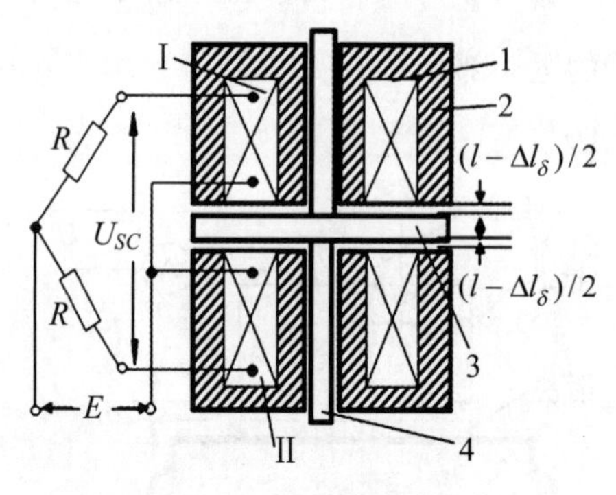

图 2.9 差动变气隙式自感传感器

1—线圈；2—铁芯；3—衔铁；4—导杆

2.3.3.2 螺管型自感传感器

螺管型自感传感器有单线圈和差动式两种结构形式。单线圈螺管型自感传感器的主要元件为一只螺管线圈和一根圆柱形铁芯。传感器工作时，因铁芯在线圈中伸入长度的变化，引起螺管线圈自感值的变化。当用恒流源激励时，则线圈的输出电压与铁芯的位移量有关。单线圈螺管型自感传感器的结构如图 2.10 所示。

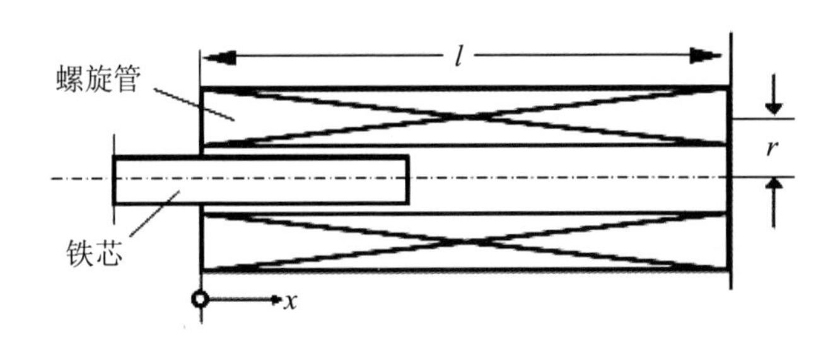

图 2.10 单线圈螺管型自感传感器的结构

铁芯在开始插入（x=0）或几乎离开线圈时的灵敏度，比铁芯插入线圈的 1/2 长度时的灵敏度小得多。这说明只有在线圈中段才有可能获得较高的灵敏度，并且有较好的线性特性。

综上所述，螺管型自感传感器的特点：结构简单，制造装配容易；由于空气间隙大，磁路的磁阻高，因此灵敏度低，但线性范围大；由于磁路大部分为空气，易受外部磁场干扰；由于磁阻高，为了达到某一自感量，需要的线圈匝数多，因而线圈分布电容大；要求线圈框架尺寸和形状必须稳定，否则影响其线性和稳定性。

2.3.3.3 差动变压器式传感器

把被测的非电量变化转换为线圈互感变化的传感器称为互感式传感器。这种传感器是根据变压器的基本原理制成的，并且次级绕组用差动形式连接，故称差动变压器式传感器。

差动变压器结构形式较多，有变隙式、变面积式和螺线管式等。在非电量测量中，应用最多的是螺线管式差动变压器，它可以测量 1～100mm 的机械位移，并具有测量精度高、灵敏度高、结构简单、性能可靠等优点。

1. 结构原理

差动变压器可分为气隙型和螺管型两种（图 2.11）。目前多采用螺管型差动变压器。其基本元件有衔铁、初级线圈、次级线圈和线圈框架等。初级线圈作为差动变压器激励用，相当于变压器的原边，而次级线圈由结构尺寸和参数相同的两个线圈反相串接而成，相当于变压器的副边。螺管型差动变压器根据初、次级排列不同有二节式、三节式、四节式和五节式等形式。

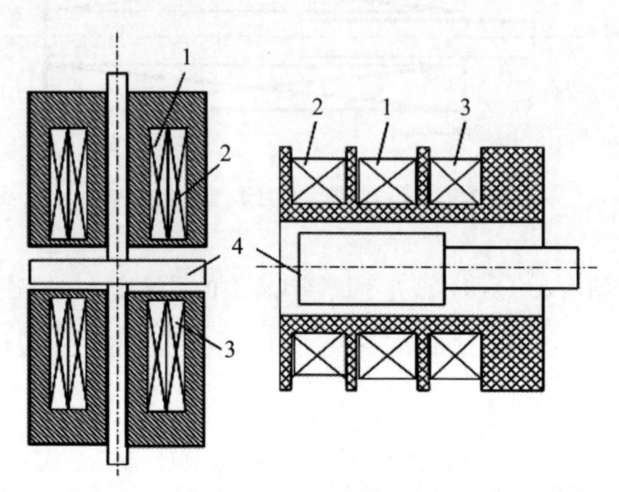

图 2.16 气隙型和螺管型结构

1－初级线圈；2，3－次级线圈；4－衔铁

2. 误差因素分析

（1）激励电压幅值与频率的影响。激励电源电压幅值的波动会使线圈激励磁场的磁通发生变化，直接影响输出电势。而频率的波动，只要适当地选择频率，其影响不大。

（2）温度变化的影响。周围环境温度的变化引起线圈及导磁体磁导率的变化，从而使线圈磁场发生变化，产生温度漂移。当线圈品质因数较低时，影响更为严重，因此，采用恒流源激励比恒压源激励有利。适当提高线圈品质因数并采用差动电桥可以减少温度的影响。

（3）零点残余电压。当差动变压器的衔铁处于中间位置时，理想条件下其输出电压为零。但实际上，当使用桥式电路时，在零点仍有一个微小的电压值（从零点几 mV 到数十 mV）存在，称为零点残余电压。零点残余电压的存在造成零点附近形成不灵敏区；将零点残余电压输入放大器内会使放大器末级趋向饱和，影响电路正常工作等。

2.3.4 振弦式传感器

1. 仪器原理

振弦式仪器（图 2.12）中的关键部件为一张紧的钢弦，它与传感器受力部件连接固定，利用钢弦的自振频率与钢弦所受到的外加张力关系式测得各种物理量。

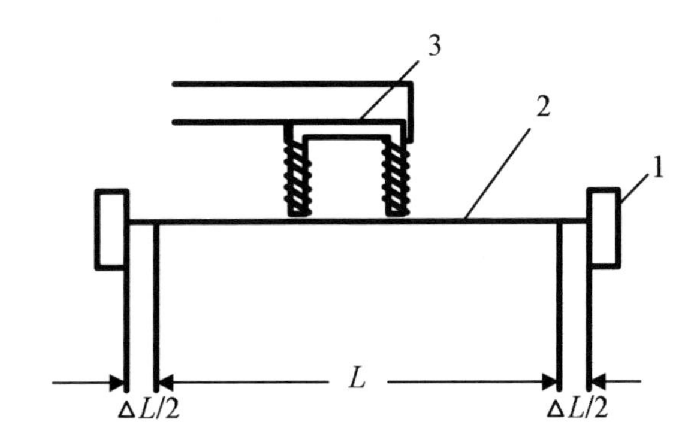

图 2.12 振弦式仪器原理图

1—夹线器；3—钢弦；3—电磁铁

钢弦自振频率与钢弦所受应力的关系式为

$$f=\frac{1}{2L}\sqrt{\frac{\sigma}{\rho}} \tag{2-27}$$

式中：f 为钢弦自振频率；L 为钢弦长度；σ为钢弦所受的应力；ρ为钢弦材料的密度。

由式（2-15），若以钢丝的应变表示，其式为

$$f=\frac{1}{2L}\sqrt{\frac{E\varepsilon}{\rho}} \tag{2-28}$$

式中：E 为钢弦材料的弹性模量；ε 为钢弦的应变。

故而有

$$\varepsilon = \frac{4L^2 f^2 \rho}{E} \tag{2-29}$$

当仪器材料、钢丝长度确定后，$K = 4L^2 \rho / E$ 为常数，所以振弦式仪器所测应变量与弦的自振频率的平方成线性关系。由于振弦式传感器的钢弦是在一定初始应力下张紧，其初始自振频率为 f_0，发生应力变化后的自振频率为 f，可得出下式：

$$\varepsilon = K(f^2 - f_0^2) \tag{2-30}$$

为方便起见，一般用频率模数 F 表示振弦式仪器的输出量，$F = f^2/1000$。

振弦式传感器的主要优点是其传送信号为频率，和电阻或电压传送不同，不受电缆电阻、接触电阻等因素影响，即受电缆长度影响较小。因此，引起钢弦应力变化的外部载荷变化，可用测量钢弦的频率反映出来，并与频率平方值成线性关系。

2. 仪器结构

振弦式应变计由两端固定的张紧的弦、外壳、激励线圈等组成。该小应变计芯子装在钢筋计钢套上组成钢筋计；锚索测力计钢筒上装上 3～6 支振弦式应变计即组成锚索测力计。振弦式测缝计为一钢弦与一吊簧组成的位移测量传感器。钢弦吊一不锈钢浮子可组成量水堰水位计。

3. 测量

测量系统主要由振弦式传感器、激振电路、检测电路、微控制器、测频电路等组成。激振电路采用扫频激振技术，当激振频率和传感器振弦的固有频率接近时，振弦能迅速达到共振状态。当激振信号撤去后，弦由于惯性作用仍然作衰减振荡。振动产生的感应信号通过检测电路滤波、放大、整形成脉冲信号送到微控制器，微控制器通过测量脉冲信号的周期或频率，即可测得传感器的振动频率。

4. 该类仪器的特点

振弦式传感器因长期测量稳定可靠，输出频率易自动化测量，长电缆传输可靠，电缆绝缘要求低，所以仪器自1930年发明以来一直有旺盛的生命力。因水电工程对埋入式仪器的可靠性及长期稳定性要求很高，长期以来国内水电工程几乎大多用国外进口振弦式仪器。随着南瑞集团大坝工程监测研究所在振弦式仪器关键技术上的突破，使水电行业开始大量采用国产振弦式仪器。

振弦式仪器因钢弦要在3～4kg张力下夹紧不松弛，所以钢弦不能受扭力。对于振弦式应变计和测缝计，在标定或现场安装时，严禁扭转端座或拉杆，否则极易造成仪器的永久性损坏。

2.3.5 电位器式传感器

1. 仪器原理

该类仪器采用先进的精密导电塑料电位器生产工艺制造。该导电塑料的性能及生产工艺要求很高，按军品标准生产，可基本作到电阻值沿精密导电塑料长度均匀分布。按此标准生产的电位器式传感器的精度可达到万分之几。

2. 仪器结构

电位器式传感器有直线型和圆型两种，仪器用不锈钢外壳和铜件外壳机械密封，保证仪器耐水压达0.5～3MPa。

3. 测量

电位器测量采用了恒压源激励比值测量方法。在电位器的两端加上恒压，测量中间抽头的电压 V_1 和加在电位器两端的电压 V，通过计算 $V_1/V=R_1/R$ 来精确确定电位器中间抽头的位置。采用比例测量方法还可以消除电位器的温度性能及电压源稳定性对测量的影响。

为了消除传感器长导线电阻的影响，还采用了五芯测量方法。

4. 该类仪器的特点及注意事项

该类型仪器采用军工标准生产，精度高，测量范围大，故障率极低，密封防水性能及长期稳定性都比较好，取得了很好的运用效果。

2.3.6 电感式传感器

1. 电感式传感器的优点

（1）结构简单、可靠，测量力小。衔铁为（0.5～200）$\times 10^{-5}$N 时，磁吸力为（1～10）$\times 10^{-5}$N。

（2）分辨力高。机械位移：0.1μm，甚至更小；角位移：0.1 角秒；输出信号强，电压灵敏度可达数百毫伏每毫米。

（3）重复性好，线性度优良。在几十微米到数百毫米的位移范围内，输出特性的线性度较好，且比较稳定。

（4）输出功率较大，在某些情况下可不经放大，直接接二次仪表。

2. 电感式传感器的不足

（1）传感器本身的频率响应不高，不适于快速动态测量。

（2）对激磁电源的频率和幅度的稳定度要求较高。

（3）传感器分辨力与测量范围有关，测量范围大，分辨力低，反之则高。

3. 电感式传感器的应用

差动变压器式传感器可以直接用于位移测量，也可以测量与位移有关的任何机械量，如振动、加速度、应变、比重、张力和厚度等。

（1）差动变压器式加速度传感器。图 2.13 为差动变压器式加速度传感器的原理结构示意图。它由悬臂梁和差动变压器构成。测量时，将悬臂梁底座及差动变压器的线圈骨架固定，而将衔铁的 *A* 端与被测振动体相连，此时传感器作为加速度测量中的惯性元件，它的位移与被测加速度成正比，使加速度测量转变为位移的测量。当被测体带动衔铁以 $\Delta x(t)$振动时，导致差动变压器的输出电压也按相同规律变化。

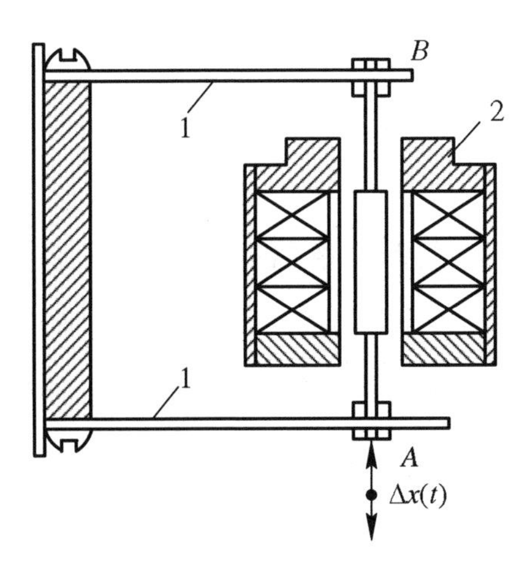

图 2.13　差动变压器式加速度传感器结构

1—悬臂梁；2—差动变压器；A—衔铁的 A 端；B—衔铁的 B 端

（2）微压力变送器。将差动变压器和弹性敏感元件（膜片、膜盒和弹簧管等）相结合，可以组成各种形式的压力传感器。微压力变送器结构如图 2.14 所示。

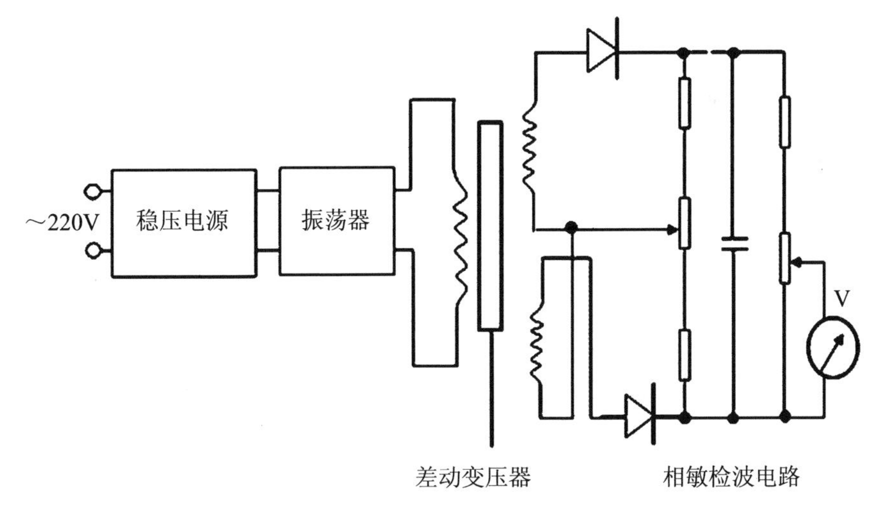

图 2.14　微压力变送器结构

这种变送器可分档测量（-5×10^5～6×10^5）N/m^2 的压力，输出信号电压为（0～50）mV，精度为 1.5 级。

2.4 本章小结

本章首先研究水利信息检测传感器的静态特性，重点研究了衡量静态特性的重要指标，如线性度、滞后、不重复性、分辨力与准确度、精度、漂移、稳定性等；然后研究了传感器的误差分析及数据处理；最后介绍了常用传感器的类型、基本原理以及这些传感器的应用领域。

第 3 章　地表水情信息监测

3.1　水情测报系统在国内外的发展现状

水情测报系统是一种用于对江河湖泊进行水情灾害监控的系统，是一种将水情、通信技术、计算机技术等多种现代技术相互融合的系统，是能够对水情数据进行实时测量、快速传送、有效处理的综合性手段。水情测报系统通过利用多种现代技术有效提高了原有水情测报系统的实时性、可靠性、准确性，大大提高了系统的处理能力，为各种水域的水情监控及有效利用提供了有效支撑。

3.1.1　水情测报系统在国外的发展现状

水情测报系统技术还未问世之前，水情数据的收集全部依靠人工水情站以及雨量站借助邮电部门发送电报或者通过有线电话进行数据传送，但这种方式会受到测报站的数量和具体位置的限制而不能达到及时传送信息的要求，从而制约了人工报汛的效率。与此同时，邮电部门的电信传报信号受到自然条件的限制，在恶劣天气下，通信电路常常受阻，最终导致报信速度迟缓，延误最佳报汛时间，最终导致巨大的经济、人员损失。

在对水情测报系统的研发上，国外发达国家起步较早，技术也较为成熟[10]。世界上较早开始研制汛情测报系统的是美国和日本。20 世纪 60 年代，美国和日本就开始对水情测报技术进行研究，20 世纪 70 年代后期[12]，这些国家研制出的产品已经逐渐趋于成熟并投入国际市场当中。

第一代水情测报系统产品是由分立式电子元件组装而成，后来随着单片机芯片以及微型计算机的发展和出现，同时，随着当时无线电通信电台数据传送的质量提高，水情测报技术有了较快的发展。20 世纪后期，美国 SM 公司与陆军合作，共同开发了一套水情设备。这是当时最具时代代表性的产品，曾经一度畅销于国际市场。

随着技术的不断发展，20 世纪 80 年代以来，遥测设备的品种不断扩大，其性能也不断完善，数据传送方式的多样性、可靠性不断提升，微机技术以及监测软件技术的发展，使水情测报系统在全世界得到了广泛应用，美国、意大利、日本等国家研制的新一代水情测报装置不断涌入世界市场。20 世纪 90 年代后期，世界各国多家公司纷纷推出了功能更强、应用范围更广的产品，扩大了产品的应用范围[18]。在世界市场中，日本是在水情测报技术上投入很多的国家。在研究之初，日本对于水情测报技术的投资就高达 100 亿日元，日本在该领域一直处于比较领先的地位，其研制的水情测报系统集成化程度较高。随着雷达、卫星等探测技术的不断发展，降水量的监测以及防洪预报有了技术上的较大提高。美国也利用雷达、卫星技术成功设立了由人机交互雨量订正技术和多探测器降水估算技术相结合构成的定量估算降水业务应用系统。同时又与水文模型相结合，将该技术应用于天气局河流预报系统中。日本也于 1986 年将该技术进行运用结合，研制出了遥测数据自动在线处理系统，该系统是当时世界上最大的集成水情数据采集系统。其中有水位站 1490 个，雨量站 1614 个，水质站 112 个，并使用了 GSM 卫星以及 12 台雷达。

目前，世界发达国家已经改变了水情测报技术的发展方向，他们开始把智能化、准确化、高效化作为未来水情测报技术的发展方向，不断将高新技术与水情测报技术相结合，研制出能够将信息最快速的采集、传送、处理、决策、反馈、监控融为一体的系统，实现了对水情更加有效全面的监测。

3.1.2 水情测报系统在国内的发展现状

在水情测报技术的发展上，我国相对于其他发达国家而言起步较晚。20世纪五六十年代，我国水情测报科研人员对当时已经出现的美国及苏联的水情预报方法进行了深入研究，同时成功奠定了我国自主研发水情测报系统的基础[28]。我国对水情测报技术的开发研制开始于20世纪70年代中期，初期研制的产品主要用于水库等的实地监测，同时我国对于水情测报系统的设计多受到当时日本制造的应答式测报系统的影响。如1977中国水利水电科学研究院仪器研究室研制出的YC-77水情测报系统（曾应用于怀柔水库和黄石水库）就属于这一类。我国早期也有研制自报式水情测报系统，但由于当时的技术设备所限，设计出的装置缺陷较多，测量数据存在较大误差，不能投入实际应用。20世纪80年代中期，我国以较快速、较高起点开始逐渐建立了属于自己的水情测报技术基础，建立了很多较大规模的水情测报系统。这些较大规模的水情测报系统在1983年开始研发，于1986年投入使用。

在这之后，同时期内国内出现了一些其他测报系统，其中具有较高知名度的工程有天桥、鲁布革及黄河三门峡等。20世纪90年代开始，伴随着网络通信、传感器技术、计算机科学技术、地理信息系统技术的快速发展，我国的水情测报技术随之迅猛发展，一些更具影响力的监测系统相继建成。

现如今，对于国民生计的迫切需求，我国的水情测报系统与网络通信、传感器技术、计算机技术等有了同步发展的势头。当今时代，基于DEM（数字高程模型）的分布式水文模型、多源降水信息融合技术、利用专家经验的人机交互预报、基于水文气象耦合的洪水预报等正成为世界上水情测报技术发展和研究的主要方向。在通信方式上，GPRS/GSM等方式弥补了最初利用卫星和超短波进行通信的不足，信息不会再由于天气等客观因素的影响而不能准确快速地进行传送。GPRS/GSM网络的通信方式在水情测报系统的数据传送中起到了重要作用。

近几年我国研发水情测报系发速度较快，同时能够结合我国具体的地形、气候等客观条件，制造出有独具中国特色的水情测报系统。我国水利部水文局研究开发的中国洪水预报系统（China's Flood Forecasting System，CNFFS）以及长江水文局开发研制的 WIS 水文预报平台（WIS Hydrological Forecast System，WISHFS）是独具中国特色的代表性水情测报系统。

总而言之，我国毕竟在水情测报技术的研究上起步较晚，与发达国家仍然存在较大差距，同时，随着世界上新技术日新月异，水情测报技术的发展还需要不断与新技术进行结合。我国的水情测报技术会随着时代的推移不断进步，不断提升系统的性能，跟上世界发展的脚步，最终研制出独具“中国特色”的水情测报系统。

3.1.3 现有水情测报系统问题分析

通常已经投入应用的水情测报系统中都包括两个部分：远距离遥测站以及中心监测站。通过对常见的水情测报系统获得数据的方式进行分析研究，可以把现有水情测报系统中获取水情数据的方式分为两大类：一类是人工方式，另一类是仪器监测方式。

1. 人工方式

人工方式指的是借助人力进行监测，具体测量工作是由水情观测员在被测水域的实地进行人工测量。观测员通过携带的仪器对被测水域进行水情数据采集，然后通过人工方式进行记录和分析。通过这种方法获得水情数据快速、直接，但通常在测量时由于人为因素的干预，无法排除客观因素的影响，测量结果误差较大。

2. 仪器监测方式

在通过仪器测量的方式中，可以将仪器监测方式按照不同监测点的不同安装要求以及具体的监测指标，具体将其分为水下测量、水面测量两种不同空间的分布式监测方法。

（1）水下测量。水下测量方法指的是将测量设备直接投入待测量的水域，同时将这些测量设备安装在被测水域的进、出水口以及断面处。通过这种方法，能够有效提高测量仪器在被测水域中的稳定性，降低了测量设备发生碰撞、丢失的可能性。但这种获取水情数据的方法不灵活，不能按照具体要求对被测水域具体位置进行测量，数据的准确性低。

（2）水面测量。将测量设备固定在水面测量点上方进行测量。通过这种方法获得的数据只能代表固定测量区域的水情状况，当被测水域范围较大时，不能客观反映被测水域全体水情状况，所得数据代表性低。同时测量方式仅仅适用于离岸边较近的测量，而且土建难度及费用高。

对于水情测报系统而言，系统的采集功能是该系统的核心部分，而现有系统的数据采集方法存在以下问题：

1）站网布设的合理性与预报模型的匹配度有很大的关系，当被测水域的地理环境与模型匹配度较低时会影响站点位置的合理性。

2）当需要架设采集设备的地方距离岸边很远时，同时由于客观的地理以及自然因素的影响，所需测量设备将难以架设，且所需土建及维护费用较高。

3）在系统设计中，站网密度不同，经考察我国已建的站网密度多在250～600平方千米/站，控制面积越大，站网布设越稀疏，投入也越大，无法准确控制被测水域的具体范围。

3.2 监测项目与分析方法

3.2.1 监测项目选择原则

（1）国家与行业水环境与水资源质量标准或评价标准中已列入的项目。

（2）国家及行业正式颁布的标准分析方法中列入的监测项目。

（3）反映本地区水体中主要污染物的监测项目。

（4）专用站应依据监测目的选择监测项目。

3.2.2 监测项目分类

（1）河流（湖、库）等地表水全国重点基本站监测项目应符合表 3.1 必测项目要求，同时也应根据不同功能水域污染物的特征，增加表 3.1 中某些选测项目。

表 3.1 地表水监测项目

监测项目类别	必测项目	选测项目
河流	水温、pH、悬浮物、总硬度、电导率、溶解氧、高锰酸盐指数、五日生化需氧量、氨氮、硝酸盐氮、亚硝酸盐氮、挥发酚、氰化物、氟化物、硫酸盐、氯化物、六价铬、总汞、总砷、镉、铅、铜、大肠菌群	硫化物、矿化度、非离子氨、凯氏氮、总磷、化学需氧量、溶解性铁、总锰、总锌、硒、石油类、阴离子表面活性剂、有机氯农药、苯并（α）芘、丙烯醛、苯类、总有机碳等
饮用水源地	水温、pH、悬浮物、总硬度、电导率、溶解氧、高锰酸盐指数、五日生化需氧量、氨氮、硝酸盐氮、亚硝酸盐氮、挥发酚、氰化物、氟化物、硫酸盐、氯化物、六价铬、总汞、总砷、镉、铅、铜、大肠菌群、细菌总数	铁、锰、铜、锌、硒、银、浑浊度、化学需氧量、阴离子表面活性剂、六六六、滴滴涕、苯并（α）芘、总α放射性、总β放射性等
湖泊水库	水温、pH、悬浮物、总硬度、透明度、总磷、总氮、溶解氧、高锰酸盐指数、五日生化需氧量、氨氮、硝酸盐氮、亚硝酸盐氮、挥发酚、氰化物、氟化物、六价铬、总汞、总砷、镉、铅、铜、叶绿素 a	钾、钠、锌、硫酸盐、氯化物、电导率、溶解性总固体、侵蚀性二氧化碳、游离二氧化碳、总碱度、碳酸盐、重碳酸盐、大肠菌群等

（2）潮汐河流潮流界内、入海河口及港湾水域应增测总氮、无机磷和氯化物。

（3）重金属和微量有机污染物等可参照国际、国内有关标准选测。

（4）若水体中挥发酚、总氰化物、总砷、六价铬、总汞等主要污染物连续三年未检出时，附近又无污染源，可将监测采样频次减为每年一次，在枯水期进行。

一旦检出，仍应按原规定执行。

3.2.3 分析方法

分析方法的选用应根据样品类型、污染物含量以及方法适用范围等确定。分析方法的选择应符合以下原则：

（1）国家或行业标准分析方法。

（2）等效或参照使用 ISO 分析方法或其他国际公认的分析以类聚方法。

（3）经过验证的新方法，其精密度、灵敏度和准确度不得低于常规方法。

（4）潮汐河流水样中盐度如大于 3‰，应按海水分析方法测定。

各监测项目的分析应在其规定保存时间内完成。全部水样的分析一般应在收到水样后 10 日内完成。

3.3 水情传感器及其原理

传感器作为物联网中的感知设备，用于采集被控对象的实时情况。水情测报系统中也需要各种传感器设备作为采集水情数据的终端。物联网的感知层与水情测报的数据采集部分互相重合，将物联网关键技术中的传感器技术应用于水情测报系统，有效提升了原有水情测报系统的智能化程度。

通常水情测报系统采集的数据有水位、雨量、流量、蒸发量、含沙量、冰厚、水温等。不同的被测水域所需监测的数据也不完全相同，通常情况下主要关注的是水位和雨量这两个数据。这些参数都要通过对应的传感器进行测量，下面对水位传感器以及雨量传感器进行选型分析。

3.3.1 水位传感器

在水情测报系统中，水位是最能直接反应水情的数据，因此，水位传感器是非常重要的感知设备。水位传感器相关技术成熟、应用范围广、种类丰富。针对不同被测水域，可以选用最方便的水位传感器。通常按传感器是否与被测水域直接接触，将其分为两种类型：第一种是直接接触式，第二种是非直接接触式。

直接接触式的类别中根据检测原理及方法的不同可分成静压式（压差式）、浮子式、感应式、磁致伸缩式、电容式；非直接接触式中有超声波以及雷达水位传感器，这类传感器是通过发射超声波和接收超声波的原理进行数据采集的，通常以发出和接收超声波的时间间隔来计算出水位。比较常用的测量方法有两种：一种是将超声波发生器和接收器安装在被测的两端上，直接计算距离；另一种是通过超声波的反射时间间隔来计算。

下面对各类型水位传感器的特点及原理进行详细分析：

（1）静压式（压差式）水位传感器。静压式水位传感器是一种测量水位的压力传感器，该传感器利用液体静压力的测量工作原理，把电压信号转换为电信号，然后通过线性修正、温度补偿，最后以4～20mA 或0～10mA 电流方式输出。此类传感器应用广泛，可以用于多种液体物质的测量。

（2）浮子式水位传感器。该类型的水位传感器通常由以下几部分构成：浮球、电子元件、信号元件、测量导管等。通过外磁场的影响，液位值与发生变化值的电阻信号成正比。该传感器以杠杆原理为理论基础，通过测量浮子连接的扭杆转动的位移来计算水位值。通常比较常见的类型有浮筒式和浮球式两种。

（3）感应式水位传感器。感应式水位传感器通过利用水具有导电性的性质，在监测器外侧安装大量的电极，构成不同高度的水位监测线，当水位发生变化时，对应的电极会呈导通状态，从而来获得水位值。

（4）磁致伸缩式水位传感器。该类传感器性能稳定、可靠性高、工作寿命长，其工作原理为磁致伸缩，测量值准确度高，应用领域广泛。该类传感器是通过脉冲引起的磁场叠加再到脉冲返回时所用的时间间隔来计算水位的。该类型传感器应用范围广、可靠性高，同时安装方便、易于维护。

（5）超声波水位传感器。超声波水位传感器是一款非直接接触式的水位传感器，它是通过发射超声波来实现对水位的监测的。超声波按照声波的传播速度进行传播。测量原理是通过探头发射的高频超声波脉冲发出与接收的时间间隔来计算水位值。

（6）雷达水位传感器。雷达水位传感器是非直接接触式水位传感器中使用较广泛的一款设备，其测量方法是一端的探头发射微波脉冲，另一端对脉冲进行接收，微波的运行速度与光速相同，通过微波在一端发射和在另一端接收的时间间隔来计算水位值。雷达水位计已被普遍使用，但不太稳定。

（7）遥感监测。近年来，一项应用遥感卫星来监测水位的技术已被开发出，其可对在陆地和内陆水面上采集到的测高仪回波数据进行再处理，显示了在全球范围监测河、湖水面高程的潜力。这对一些少、无地面水文观测资料的地区，例如青藏高原等人工观测有困难的水体的高程变化监测是特别有意义的。相关专业技术人员可以借此研究全球气候变化下冰川和融雪引起的高山湖泊的水面高程抬升。在国内，李景刚、李建成、褚永海等人，也先后利用 Jason-1、T/P 和 Envisat-1 等卫星测高数据，对我国呼伦湖、青海湖、长江中下游 4 湖（鄱阳湖、洞庭湖、太湖、巢湖）等水位变化以及其气候关系进行了监测研究。

3.3.2 雨量传感器

水情测报系统中对雨量的监测指的是对降水时间和降水量大小、强度的监控。雨量数据对于水情来说非常重要。通常监测雨量的方法有通过卫星、雷达等的间接方法，也有直接通过雨量器测量的直接监测方法。当下应用于水情测报系统的雨量计有两类，分别是容栅式和翻斗式。

（1）容栅式雨量计。该雨量计通过利用电动阀上下对进、排水进行调控，而且在测量的过程中不会将被测雨水冲走，性能准确可靠，该雨量计测量雨量时是通过容栅式的位移大小确定的，其容栅传感器能够达到精确度为 0.01 的分辨率，测量值精确无误，是一款可靠性高、精确度良好的雨量计。

（2）翻斗式雨量计。翻斗式雨量计通常是由舌簧管、磁钢等电器部分以及翻斗、集水漏斗、轴承等共同构成。测量雨量的具体过程为：雨水从进水口出流入进水漏斗，然后进入翻斗，当翻斗中的雨水积蓄到一个定值时翻斗会翻转一次，同时磁钢产生的吸力或放开的力量促使舌簧管发出通电信号或者断电信号，并将该信号作为一个计数脉冲。然后另一侧的翻斗用于盛水，以备再次测量翻动。翻斗式雨量计的接口直径通常有 200mm 或者 300mm 类型，翻转一次翻斗表示此时的降雨为 1mm，不同类型的翻斗式雨量计的测量精度不同，常见的精度有 0.1mm 以及 0.25mm 等。

3.3.3 流速与流量测量传感器

1. 流量的概念及单位

流量是指单位时间内流过某一横截面的流体数量（瞬时流量）。若流体量以体积来度量，则称为体积流量；若流体量以质量来度量，则称为质量流量。

一般来说，在某段时间内流过流体的总量称为累积流量或流过总量，它等于该段时间内体积流量或质量流量对时间的积分。由累积流量可以求出平均流量，即累积流量除以流体流通时间可得到平均流量。

若微元流束中任一流体质点的速度为 u（点速），则流量 Q 为

$$Q=\int_A u\mathrm{d}A \tag{3-1}$$

对整个过流断面取平均流速 v（均速），则

$$Q=v\cdot A \tag{3-2}$$

即

$$v=\frac{Q}{A}=\frac{\int_A u\mathrm{d}A}{A} \tag{3-3}$$

流量的计量单位有：体积流量的计量单位为立方米/秒（m^3/s）；质量流量的计量单位为千克/秒（kg/s）；累积体积流量的计量单位为立方米（m^3）；累积质量流量的计量单位为千克（kg）。

2. 流量的测量方法

常用流量测量方法有容积法和速度法。容积法是在单位时间内以标准固定体积对流动介质连续不断地进行度量，以排出流体固定容积数来计算流量。这种通过排放次数求得介质总量的方法称为容积法，如椭圆齿轮流量计、腰轮（也称罗茨）流量计等。速度法是根据流体的一元流动连续方程，以测量流体在管道内固定截面上的平均流速作为测量依据来计算流量的，如节流式流量计、转子流量计、电磁流量计等。

另外，还有通过测量流体差压信号来反映流量的差压式流量测量法；以测量流体质量流量为目的的质量流量测量法。

3. 流量仪表的主要技术参数

（1）流量范围。流量范围指流量计可测的最大流量与最小流量的范围。

（2）量程和量程比。流量范围内最大流量与最小流量值之差称为流量计的量程。最大流量与最小流量的比值称为量程比，亦称流量计的范围度。

（3）允许误差和精度等级。流量仪表在规定的正常工作条件下允许的最大误差，称为该流量仪表的允许误差，一般用最大相对误差和引用误差来表示。

流量仪表的精度等级是根据允许误差的大小来划分的，其精度等级有：0.02、0.05、0.1、0.2、0.5、1.0、1.5、2.5等。

（4）压力损失。压力损失的大小是流量仪表选型的一个重要技术指标。压力损失小，流体能消耗小，输运流体的动力要求小，测量成本低。反之则能耗大，经济效益相应降低。故流量计的压力损失越小越好。

4. 流速测量传感器

流速传感器是指通过对液体流量的感应而输出脉冲信号或电流、电压等信号的水流量感应仪器，这种信号的输出和液体流量成一定的线性比例，有相应的换算公式和比较曲线，因此可做水控方面的管理和流量计算，在热力方面配合换能器可测量一段时间介质能量的流失，如热能表。流速传感器主要和控制芯片、单片机，甚至PLC配合使用。流速传感器具有流量控制准确、可以循环设定动作流量、流速显示和流量累积计算的作用。

传统的流速仪费时、费力，而且测量时不能实时检测。常见的可通过孔板、叶轮、超声波、电磁方式测量液体流速。随着科学技术的发展，也可以应用雷达（微波遥感）同时测流速和断面的流速剖面分布。

3.3.4 蒸发量测量

1. 蒸发量的定义

水由液态或固态转变成气态，逸入大气中的过程称为蒸发。蒸发量是指在一定时段内，水分经蒸发而散布到空中的量，通常用蒸发掉的水层厚度的毫米数来表示。水面或土壤的水分蒸发量，分别用不同的蒸发器测定。一般温度越高、湿度越小、风速越大、气压越低，蒸发量就越大；反之蒸发量就越小。土壤蒸发量和水面蒸发量的测定，在农业生产和水文工作上非常重要。雨量稀少、地下水源及流入径流水量不多的地区，如蒸发量很大，即易发生干旱。

2. 意义

（1）宏观意义。

蒸发使地面的水分升到空气中，而降雨降雪是空气中的水分落到地面上。它们不仅是相反的两个过程，也是相互依存的两个过程。如果地面上的水分不再通过蒸发进入空气中，不出10天地球上再也看不到雨雪了。

蒸发不仅与降水相互依存，它还与地面的河流有关。在极度干旱的地区，降水量很小。它的实际蒸发量与降水量是相等的。那里的地面上没有河流，连干枯的小河沟也没有。我国的沙漠地区就是这样的。在河流的源头或上游地区，那里的降水量比实际的蒸发量要大。这些多余的水分形成了河流，并且沿着河谷慢慢地流进了海洋或者湖泊。在任何一个自然流域，它的蒸发、降水与河水流量都是基本平衡的。写成公式（针对任何一个闭合流域）就是：降入流域的降水量=蒸发量+流出流域河水量。

（2）气象学意义。

各地气象站都有蒸发量的资料，也经常被人们引用。人们往往用降水量和蒸发量的对比数据来说明一个地方是如何的干旱，事实上这种表述存在问题。不少地区提供的数据都表明，当地的蒸发量远远大于降水量。但如果果真如此，人类早就无法在那里生存了。地球表面地形复杂，在一个地区乃至一个县，往往有荒漠、绿洲和山区多种地形。在山区，降水量远远大于蒸发量；在沙漠和荒漠中，基本上降多少水，就能蒸发多少；而在在绿洲，尽管蒸发量大于降水量，但由于还有来自山区的地表径流补充，还是适宜人类生存的。

在很湿润的地区，气象站测量的蒸发量大约是自然蒸发量的60%。所以利用它粗略分析蒸发量的差别还是可以的。但是在干旱地区，气象站测量到的蒸发量与实际蒸发量就有非常严重的偏差。

例如新疆吐鲁番盆地的托克逊，气象站测量的年蒸发量是3.7m。有人就说那里的蒸发量大得惊人。然而实际情况是那里的年降水量不足1cm厚。所以在当地自然条件下可以提供的蒸发量最多也就是1cm。这与3.7m就差了370倍。

把气象站测量的蒸发量作为干旱地区的实际蒸发量来描写显然是扭曲了事实的。蒸发量实际上是在蒸发皿中测得的数据，只说明这一地区的蒸发能力，而不是实际蒸发量。气象部门应当把气象站的蒸发量改称为蒸发能力，这样就会减少人们的误会。人们在引用蒸发量数据时首先弄明白它的准确含义也会避免这种误解。

3. 蒸发量的测量方法

测量蒸发的仪器常用的有小型蒸发器、大型蒸发桶和蒸发皿等几种。

小型蒸发器是口径为20cm、高约10cm的金属圆盆，盆口成刀刃状，为防止鸟兽饮水，器口上部套一个向外张成喇叭状的金属丝网圈。测量时，将仪器放在架子上，器口离地70cm，每日放入定量清水，隔24h后，用量杯测量剩余水量，所减少的水量即为蒸发量。

大型蒸发桶是一个器口面积为0.3m^{2}的圆柱形桶，桶底中心装一直管，直管上端装有测针座和水面指示针，桶体埋入地中，桶口略高于地面。每日20时观测，将测针插入测针座，读取水面高度，根据每天水位变化与降水量计算蒸发量。

蒸发皿的规格大都和雨量筒一样，也是20cm直径的圆形器皿，皿口上沿也高出地面70cm。蒸发皿深10cm。正是因为它的厚度小于直径才称为皿。每天向蒸发皿中加进2cm深的水层，晚上把余水倒进量杯，量出剩余水深。用20cm减去剩余水深就是当天的蒸发量。如果当天有雨，余水中还要扣除当天的降水量。这就是蒸发皿的直径和离地面高度都要和雨量筒一致的原因。否则，两者就不能简单相减。

3.3.5 含沙量测量

我国是世界上河流众多的国家之一，其中流域面积在100km^{2}以上的河流多达5万条，流域面积在1000km^{2}以上的河流多达1500条。由于我国水土流失现象极其严重，因此我国大多数河流挟带大量悬浮泥沙，形成多泥沙河流。黄河就是典型的多泥沙河流，是世界上最复杂、最难治理的河流之一。在多泥沙河流的水文测验和综合治理中，含沙量的实时检测就成为其重要的组成部分。

1. 国内外研究现状

含沙量检测主要是指对悬移、推移等输送方式的全沙进行检测。在含沙量检测方面，美国在1947年就成立了泥沙委员会，完整地提出了悬移质、推移质、床沙、颗粒级配等分析仪器及常规的含沙量测验方法。这些仪器和方法被很多国家借鉴和采用，随后迅速在全世界得到了普及。从20世纪50年代以来，我国的水文测验工作人员在含沙量检测方面开始了大量的研究和实验工作，先后研制了瞬时式、积时式等多种型号的悬浮含沙量取样仪器。

悬浮含沙量取样仪器将样品经现场取样，再经过实验室称量后计算出含沙量测量值。悬浮含沙量取样设备在我国水文测验工作中发挥了重要作用，目前仍在基层水文站被广泛使用。近年来，随着生产力和科技的发展，出现了多种含沙量实时在线（现场）检测的先进仪器设备。这些新型仪器设备自动化程度高，能实现对河流含沙量的实时动态检测。

2. 含沙量直接测量方法

含沙量直接测量方法是最原始的方法，其通过现场取样，然后通过过滤法、烘干法等方法将泥沙中的水除去，以确定其含沙量。含沙量直接测量方法又可分为过滤法、烘干法和比重法等。

比重法是一种较经典的方法。比重法可以用比重计，也可以用比重瓶等测量含沙量。采用比重瓶来测量含沙量的一般步骤为：首先，用比重瓶进行取样，得出比重瓶装满水沙样品的质量；然后，用比重瓶含沙时的总质量减去比重瓶本身的质量，得出沙样的质量；最后，将沙样质量除以比重瓶的容积就得出含沙量。由于比重瓶的质量和容积一般在实验前都已测定好，所以比重法和烘干法相比，比重法的测量过程要相对简单快速，但比重法较烘干法有一定的误差。

由于含沙量直接测量方法的设备简单、方法易行、精度较高，其被认为是目前较为准确的含沙量测量方法之一。但由于含沙量直接测量方法必须经过取样、去水、称重等环节，因此费时又费力；同时在取样时破坏了试验环境，不能定点、连续测量。

3. 含沙量间接检测方法

含沙量间接检测方法是通过泥沙的某些特性来确定含沙量的方法。间接测定方法不破坏实验环境，是含沙量实时动态检测的最佳方法。多年来国内外的科技人员一直在积极探求含沙量的现代测试方法，如同位素法、振动法、光学法、声学法、电容法、遥感光谱分析法等。

（1）同位素法是用核放射性元素放射出的一种高频高能电磁波（γ射线或X射线）。当γ射线穿透含沙水体时，其能量会被含沙量水体吸收而衰减。γ射线的减弱程度与放射源能量、含沙水体性质和含沙量多少有关系，并服从指数衰减关系。Berke 等通过实验发现核子测沙仪因受到水体温度、电子原件的噪声等影响而存在误差；刘清坤利用γ射线法来测量河流泥沙含量，并进行了自动化的含沙量检测系统的研究；黄河水利科学研究院的李景修等人对γ射线测沙仪进行了实验研究；南京水利科学研究院吴永进等人已先后研制出不同型号的γ射线含沙量检测仪器，并不断地改进，提高了仪器稳定性和仪器分辨率，同时也提高了同步采集水深和泥沙浓度的速度，使整个测量数据更完整。同位素法测量含沙量的效率高、量程较宽、稳定性好，同时水体含沙量较大时的测沙精度较高。但是，同位素法的灵敏度很低，其最适合测量的含沙浓度应高于 1000 毫克/升。由于受放射源辐射问题的影响以及对于绿色环保的高要求，同位素法的推广应用受到了一定的影响。

（2）振动法是根据振动学原理进行含沙量测量的。当含沙水体流经振动管时，振动管的谐振频率会随不同含沙量而发生改变。故含有不同含沙量的振动管就对应着不同的振动周期，从而通过测知振动周期或者振动频率就可得含沙量。王智进等人研制出振动法测沙仪，并对测沙仪采取了温度补偿等改进措施。黄建龙等人利用虚拟仪器技术和网络通信技术，实现了振动式悬移质测沙系统实时数据的采集处理及其远程传输。振动法实现了对含沙量快速、较准确的在线检测和记录功能，且测量范围比较广，受泥沙粒径变化的影响也小。振动式悬移质测沙仪易受环境温度影响，同时在低水流流速时，泥沙会淤堵在振动管内，造成较大误差。

（3）光学法取决于光与沙粒的相互作用。当光通过挟沙水流时，由于吸收和散射作用，使透过光的强度减弱，依据不同含沙量光的吸收和散射的不同来测含沙量。光学法有光电测沙法和激光测沙法两种方法。光电测沙法是利用平行光束，其又可分为可见光和红外光两种光电测沙仪。以光电法为原理的光电测沙仪已研制成功。You，Hoitink等利用光学后向散射测沙仪（Optical Back Scattering，OBS）进行高含沙量测量；Campbell等设计了用于高悬浮含沙量测量的光纤透射在线测量仪（Fiber Optic In-Stream Transmissometer，FIT）；Wren等比较了光学后向散射测沙仪（Optical Back Scattering，OBS）和超声后向散射测沙仪（Acoustic Back Scattering，ABS）以及激光透射测沙仪（Laser Diffraction）。光电测沙仪的优点：能实现连续测量、精度高、具有很好的线性关系等。但光电测沙仪与媒质的颜色有很大关系；同时，光学测量的含沙量量程范围较窄，实际量程在0～60kg/m^3。

激光测沙仪是基于激光衍射原理来进行含沙颗粒检测的。激光类测沙仪能测出泥沙颗粒体积的浓度和粒度分布。美国Sequoia科学仪器公司生产的LISST系列的激光颗分仪可测量悬沙含沙量、颗粒级配，其中部分仪器还可测量水深和水温。Melis、Topping、Williams、Soler、Haun、Guerrero、Agrawal等在水槽、河流、湖泊和水库等方面对激光测沙仪进行了实验室研究和实际应用。然而，上述的激光测沙仪器操作都是在静态模式下进行的，Stefan等对激光测沙仪器LISST在静态和动态模式下进行了实时运行对比研究。Felix等通过实验室实验验证了便携式激光测沙仪在测量悬浮泥沙含量时要受到颗粒形状的影响。近年来，我国也先后引进了激光粒度分析仪和激光测沙仪等激光类测沙设备。作为光学方法的激光类测沙仪，其优点是精度高；但其量程范围依然较窄。目前的光学测沙仪只能实现定点的含沙量测量，不能实现多点以及断面的含沙量在线测量。

（4）声学法分超声反射法和衰减法两种方法。超声反射法是利用超声波在水体传播时遇到沙产生反射波，反射波与沙粒成比例，从而可测含沙量。声学多普勒剖面仪（Acoustic Doppler Current Profilers，ADCP）已经有近30年的使用历史，其可实现剖面流量的多点测量；Moore等利用超声波反向散射信号的幅度对悬浮含沙量进行了估值。近几年，Simmons使用测深系统实现了大范围测量悬浮含沙量。Hurther、Betteridge、Landers、Bolanos 等利用超声波实现近河底床沙的测量。Hay 等人利用 ADCP 实现剖面流量的多点测量。我国也在 20 世纪 80 年代开始应用声学法来测量含沙量。张志林等应用声学多普勒流速仪 ADCP 进行输沙率测验，并在长江上中游进行了应用，取得了一定的效果。但是，到目前为止，国内还没有很成熟的声学含沙量检测仪器，一般都是引进国外的超声波含沙量检测仪器。

超声衰减法是根据超声波在媒质中传播时受媒质散射、吸收以及超声波自身的扩散因素影响，其能量（振幅、声强等）随距离增大而衰减。超声衰减法根据超声波在含沙水流中的衰减规律，利用传感器和二次仪表检测超声波在含沙水流中的衰减系数，然后经一定的变换后达到检测含沙量的目的。超声衰减法测量含沙量的应用较少，国内的仪器一般是在国外的仪器上进行改进而来的。Richards 等对超声波在浑水颗粒介质中的衰减进行了研究。张叔英等研究了声衰减检测机理，并研制了不同型号的超声波含沙量观测仪器，用于悬浮含沙量剖面的连续和实时观测，并且在长江口航道和小浪底水库的泥沙观测中得到了应用。胡博采用声吸收系数的“面积比值”测量法，提高了超声波检测精度。声学法对低含沙量特别灵敏，且测量精度较高（精度可达 2%）。但是，基于超声波衰减法的含沙量检测设备一般都设计为钳形结构，易发生受底部水草缠绕阻挡等问题。

（5）电容法以含沙水体当作电容的介质。含沙量不同时其容值也不同，从而实现间接地检测含沙量。李小昱等首次提出了电容法测量水流含沙量的测量方法，并研制了两种结构形式的电容传感器，尝试测量水流中泥沙含量与传感器输出间的关系，以及温度、径流流速、土壤种类、土壤含盐量对传感器响应特性的影响，并研究了电容式水流泥沙含量传感器自校准技术。Hsu 等也进行了基于电容传感器的含沙量检测研究。然而，由于电容传感器的电子元器件，比如电容、信号的频率、电容二极板的面积以及含沙水体的温度等都会影响到悬浮含沙量的测量，因此电容方法目前尚没得到广泛应用。

（6）遥感光谱分析法是通过对悬沙水体进行遥感光谱反射率的测量来间接

测量水体的含沙量的。Mertes，Wang 等用卫星数据来估计悬浮泥沙含量。但大多数遥感光谱分析法应用于水库、河口、湖泊和沿海环境的悬浮泥沙检测上，很少应用于河流含沙量检测上。王繁对河口水体悬浮物的固有光学性质及含沙量进行了遥感反演研究，获取了典型研究区水体悬浮物的固有光学特性，同时还了解了其时空变异幅度和变化规律，为发展准确度更高的卫星遥感分析模型打下了基础。

目前，含沙量间接测量方法还有差压法、B 超法、比热容法等。Sumi 等开发出一种新的基于差压变送器的悬浮泥沙测量系统。该差压变送器可实现长期在线测量，同时适合高含沙量测量。然而，差压变送器只考虑了水体温度的影响，没有考虑到水体的冲击速度和深度对含沙量测量的影响。马志敏、胡向阳、Zou 等利用 B 超仪对水中悬浮沙粒成像而得到图像，再提取和分析图像信号的含沙量的特征。实验结果表明含沙量特征量和 B 超成像面积与实际含沙量在一定范围内存在着良好的对应关系，利用这种关系可以实现低含沙量的测量。但粒径、材质和水流速度对 B 超法测量结果有影响；同时，B 超法测量含沙量的量程很小（$10kg/m^3$ 以下），较适合在河工模型试验中低含沙量的测量。

3.3.6 冰层厚度测量

1. 冰层厚度测量的意义

由于我国北方冬季比较寒冷，封冻期长，北方河流的干支流经常出现结冻现象。结冻冰凌会对水路运输、水电工程等带来不同程度的破坏，而且时常伴随冰凌灾害，给沿岸人们的生命和财产安全带来了极大的威胁。因此，河流冰情信息自动检测及预报已是冰凌灾害预防的关键问题。实时自动地测量河流冰层厚度是河流冰情信息检测的关键环节之一。然而，由于冰层厚度本身就很难测量，又因为河流水体杂质多、含沙量高等原因，河流冰层厚度自动测量一直都被认为是最难的。

2. 冰层厚度测量的技术现状

最原始的冰层厚度测量方法是钻孔测量法。其首先需要人工或者破冰机在冰上开洞，然后用尺子测量。这种方法是冰厚测量中最可靠的监测手段，但其劳动强度大、时间长，只能取少量测点。目前，具有现代化的冰厚测量技术有超声波式、电导式、电容感应式、电磁感应式、光谱特征法等技术。这些探测设备的广泛应用，为掌握冰厚分布状况及其年际变化特征提供了可能。但这些冰层厚度测试技术及设备具有一定的局限性。

电导式、电容感应式是基于空气、冰和水的不同物理性质而检查的方法，但易受冰层的杂质、含沙量、温度等因素的影响，再加上冰与水之间的交接面比较特殊，使得冰层厚度测量难以满足测量要求；光谱特征法目前是对海冰进行光谱特征分析，可以区分雪、冰、融池和海水等，但对不同的裸露海冰种类无法识别，也无法对冰厚进行测量；而超声波式、电磁感应式等非接触测量技术主要受冰的纯度，特别是高含沙量影响，其测量的精度和稳定性也难以保证。

3. 钻式冰层厚度测量原理

基于钻式原理的冰层厚度自动测量仪是指在现有冰厚测量技术的基础上，针对河流冰情特点，利用空气、冰和水的不同物理性质，并用基于径向基神经网络数据融合的方法对冰厚数据进行处理。冰层厚度的信息是通过电钻或破冰机在冰层上钻进，并带动钻机后端的编码器旋转，产生一系列的离散的脉冲信号，以此计算出冰层厚度值；同时在钻机上安装压力传感器，根据不同介质（水、冰水混合物和冰）不同的特性判断测量的开始与结束，得出启停时间，再结合标定的速度，也可计算出冰层厚度值；最后，为了克服人为因素、钻头材质与结构以及编码器工作不稳定等的影响，本系统用电钻启停时间和编码器脉冲计数值进行数据融合处理以，以得出融合后的冰厚测量值。

钻式冰层厚度测量仪包含电钻、压力传感器、转轮、旋转编码器、支架、单片机硬件电路和 GPRS 模块，如图 3.1 所示。本测量仪在使用时，将压力传感器安装在电钻的上部；电钻与旋转编码器的转轮通过电线连接，旋转编码器可固定在支架上。冰层厚度测量结果通过显示模块能现场显示，也可通过 GPRS 模块将数据无线发送给上位机。本测量仪在使用时应该保证电钻垂直放置，保持匀速下行。

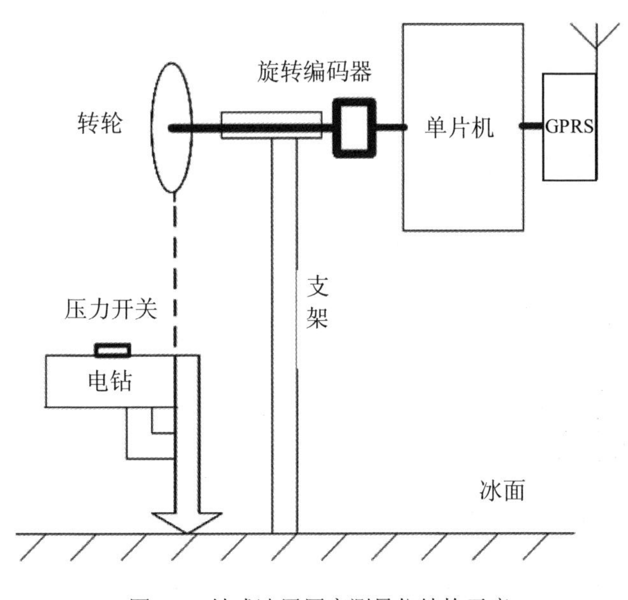

图 3.1　钻式冰层厚度测量仪结构示意

3.4　地表水情监测的主要传感器及参数

3.4.1　水位计

水是岩土体稳定性的主要影响因素。在滑坡工程中，采用水位计监测地下水位的变化情况是比较重要的观测项目之一。

对水位计主要调研了以下几家公司的产品：日本 OYO 公司、英国 SOIL 公司；北京基康股份有限公司、天津奥优星通传感技术有限公司、上海华测创时测控科技有限公司。各公司水位计的型号和主要参数见表 3.2。

表 3.2 水位计一览表

厂家	型号	仪器主要参数
日本 OYO 公司	4770 （原装进口）	测量范围：0～10m 测量精度：±0.1%F·S. 其他（温度特性：0.04%F·S./℃以下；工作温度：-10～50℃；工作电压：DC 8～14V）
	4800 （原装进口）	测量范围：4m、9m、19m、29m、99m（大气压补正） 测量精度：±0.1%F·S. 其他（分辨率：0.12cm、0.16cm、0.20cm、0.29cm、0.5cm）
	4640A （原装进口）	测量范围：1m、5m、10m、20m、35m、50m、100m 测量精度：±0.1%F·S. 其他[温度特性：0.04 %F·S./℃以下；分辨率：24 位；接口：RS-232C；工作电压：3.2～9.0V（不包括电缆的电压降）]
	4677 （原装进口）	测量范围：10m、20m、35m 测量精度：±0.1%F·S. 其他[温度特性：0.04 %F·S./℃以下；分辨率：24 位；接口：RS-232C；工作电压：3.2～9.0V（不包括电缆的电压降）]
英国 SOIL 公司	W7-6.1-100 （原装进口）	测量范围：30m、50m、100m、150m、200m、300m、500m 测量精度：±0.1%F·S. 其他［材质：不锈钢；重复性：±2mm；温度范围：-20～+70℃；探头直径：15mm（超薄型 12mm）］
基康仪器股份有限公司	BGK4500S （组装）	测量范围：133m 测量精度：±0.025%F·S. 其他（过载能力：50%）
	GK-4500 （原装进口）	测量范围：133m 测量精度：±0.025%F·S. 其他（过载能力：100%）
天津奥优星通传感技术有限公司	3001 （组装）	测量范围：10m 测量精度：±0.2%F·S. 其他（输出电流：4～20mA；温度测量范围：0～50℃；输出电流：0～5mA）
	3002 （组装）	测量范围：20m 测量精度：±0.2%F·S. 其他（输出电流：4～20mA；温度测量范围：0～50℃；输出电流：0～5mA）

续表

厂家	型号	仪器主要参数
天津奥优星通传感技术有限公司	3003（组装）	测量范围：35m 测量精度：±0.2%F·S. 其他（输出电流：4～20mA；温度测量范围：0～50℃；输出电流：0～5mA）
上海华测创时测控科技有限公司	HC-S100（国产）	测量范围：10m、20m、40m、60m、100m（可选配） 测量精度：±0.1%F·S. 其他（温度范围：-20～80℃；工作电压：DC 12V；信号类型：RS485）

3.4.2 雨量计

雨量计（量雨计、测雨计）是一种用来测量一段时间内区域降水量的仪器。常见的有虹吸式、称重式和翻斗式雨量计等种类。

对雨量计主要调研了以下几家公司的产品：日本OYO公司、美国YKT公司、澳大利亚ICT；北京基康仪器股份有限公司、天津奥优星通传感技术有限公司、上海华测创时测控科技有限公司等。各公司雨量计的型号和主要参数见表3.3。

表3.3 雨量计一览表

厂家	型号	仪器主要参数
日本OYO公司	4683（原装进口）	1. 测量精度：0.1mm 2. 测量范围：4095mm 3. 信号输出方式：模拟量 4. 其他：翻斗
美国YKT公司	YKT01-3554WD（原装进口）	1. 测量精度：+2% 2. 测量范围：1、5、10、15、30、60和120min 3. 存储容量：7000个间隔数据，最大累计量不超过6.5cm 4. 信号输出方式：模拟量 5. 其他（雨量同口径：20cm；电池：3V（可更换），可连续工作8个月）

续表

厂家	型号	仪器主要参数
澳大利亚 ICT 公司	RG5 （原装进口）	1．测量精度：>127mm/h±2%；>245mm/h±3%；>381mm/h±4% 2．测量范围：0～720mm/h 降雨量 3．信号输出方式：脉冲 4．其他（温度范围：1～60℃，在0℃以下有加热型；湿度范围：0～100%）
北京基康仪器股份有限公司	BGK-9010-1 （国产）	1．测量精度：0.2mm 2．信号输出方式：模拟量 3．其他：0.5L 翻斗
	BGK-9010-2 （国产）	1．测量精度：0.5mm 2．信号输出方式：模拟量 3．其他：0.5L 翻斗
天津奥优星通传感技术有限公司	1001 （国产）	1．测量精度：≤2% 2．信号输出方式：双触点通断信号输出 3．其他：翻斗
	1002 （国产）	1．测量精度：0.2mm 2．信号输出方式：双触点通断信号输出 3．其他：翻斗
	1003 （国产）	1．测量精度：0.5mm 2．信号输出方式：双触点通断信号输出 3．其他：翻斗
上海华测创时测控科技有限公司	HC-Y8080 （国产）	1．测量精度：＜± 2% 2．测量范围：9mm/min 3．分辨率：0.1mm、0.2mm、0.5mm 可选 4．信号输出方式：RS485 5．其他：容栅式雨量计；内置电池工作时间不小于 20 天，支持脉冲信号输出，支持远程复位启动，内置 GPRS 接口

3.5 地表水环境质量标准

3.5.1 范围

本标准按照地表水环境功能分类和保护目标，规定了水环境质量应控制的项目及限值，以及水质评价、水质项目的分析方法和标准的实施与监督。本标准适用于中华人民共和国领域内江河、湖泊、运河、渠道、水库等具有使用功能的地表水水域。具有特定功能的水域执行相应的专业用水水质标准。

3.5.2 引用标准

《生活饮用水卫生规范》（GB 3838－2002）和本标准表3.4至表3.6所列分析方法标准及规范中所含条文在本标准中被引用即构成为本标准条文，与本标准同效。当上述标准和规范被修订时，应使用其最新版本。

表3.4 地表水环境质量标准基本项目标准限值 单位：mg/L

序号	项目 标准值分类	Ⅰ类	Ⅱ类	Ⅲ类	Ⅳ类	Ⅴ类
1	水温/℃	人为造成的环境水温变化应限制在： 周平均最大温升≤1 周平均最大温降≤2				
2	PH值（无量纲）	6～9				
3	溶解氧≥	饱和率90% （或7.5）	6	5	3	2
4	高锰酸钾指数≤	2	4	6	10	15
5	化学需氧量（COD）≤	15	15	20	30	40
6	五日生化需氧量（BOD5）≤	3	3	4	6	10
7	氨氮（NH_3-N）≤	0.15	0.5	1.0	1.5	2.0
8	总磷（以P计）≤	0.02 （湖、库0.01）	0.1 （湖、库0.025）	0.2 （湖、库0.05）	0.3 （湖、库0.1）	0.4 （湖、库0.2）
9	总氮（湖、库，以N计）≤	0.2	0.5	1.0	1.5	2.0
10	铜≤	0.01	1.0	1.0	1.0	1.0
11	锌≤	0.05	1.0	1.0	2.0	2.0
12	氟化物（以F^-计）≤	1.0	1.0	1.0	1.5	1.5

续表

序号	项目 标准值分类	Ⅰ类	Ⅱ类	Ⅲ类	Ⅳ类	Ⅴ类
13	硒≤	0.01	0.01	0.01	0.02	0.02
14	砷≤	0.05	0.05	0.05	0.1	0.1
15	汞≤	0.00005	0.00005	0.0001	0.001	0.001
16	镉≤	0.001	0.005	0.005	0.005	0.01
17	铬（六价）≤	0.01	0.05	0.05	0.05	0.1
18	铅≤	0.01	0.01	0.05	0.05	0.1
19	氰化物≤	0.005	0.05	0.2	0.2	0.2
20	挥发酚≤	0.002	0.002	0.005	0.01	0.1
21	石油类≤	0.05	0.05	0.05	0.5	1.0
22	阴离子表面活性剂≤	0.2	0.2	0.2	0.3	0.3
23	硫化物≤	0.05	0.1	0.05	0.5	1.0
24	粪大肠菌群（个/L）≤	200	2000	10000	20000	40000

表 3.5 集中式生活饮用水地表水源地补充项目标准限值 单位：mg/L

序号	项目	标准值
1	硫酸盐（以 SO_4^{2-} 计）	250
2	氯化物（以 Cl^- 计）	250
3	硝酸盐（以 N 计）	10
4	铁	0.3
5	锰	0.1

表 3.6 集中式生活饮用水地表水源地特定项目标准限值 单位：mg/L

序号	项目	标准值	序号	项目	标准值
1	三氯甲烷	0.06	3	三溴甲烷	0.1
2	四氯化碳	0.002	4	二氯甲烷	0.02

续表

序号	项目	标准值	序号	项目	标准值
5	1，2-二氯乙烷	0.03	32	2，4-二硝基甲苯	0.0003
6	环氧氯丙烷	0.02	33	2，4，6-三硝基甲苯	0.5
7	氯乙烯	0.005	34	硝基氯苯[⑤]	0.05
8	1，1-二氯乙烯	0.03	35	2，4-二硝基氯苯	0.5
9	1，2-二氯乙烯	0.05	36	2，4-二氯苯酚	0.093
10	三氯乙烯	0.07	37	2，4，6-三氯苯酚	0.2
11	四氯乙烯	0.04	38	五氯酚	0.009
12	氯丁二烯	0.002	39	苯胺	0.1
13	六氯丁二烯	0.0006	40	联苯胺	0.0002
14	苯乙烯	0.02	41	丙烯酰胺	0.0005
15	甲醛	0.9	42	丙烯腈	0.1
16	乙醛	0.05	43	邻苯二甲酸二丁酯	0.003
17	丙烯醛	0.1	44	邻苯二甲酸二（2-乙基己基）酯	0.008
18	三氯乙醛	0.01	45	水合肼	0.01
19	苯	0.01	46	四乙基铅	0.0001
20	甲苯	0.7	47	吡啶	0.2
21	乙苯	0.3	48	松节油	0.2
22	二甲苯[①]	0.5	49	苦味酸	0.5
23	异丙苯	0.25	50	丁基黄原酸	0.005
24	氯苯	0.3	51	活性氯	0.01
25	1，2-二氯苯	1.0	52	滴滴涕	0.001
26	1，4-二氯苯	0.3	53	林丹	0.002
27	三氯苯[②]	0.02	54	环氧七氯	0.0002
28	四氯苯[③]	0.02	55	对流磷	0.003
29	六氯苯	0.05	56	甲基对流磷	0.002
30	硝基苯	0.017	57	马拉硫磷	0.05
31	二硝基苯[④]	0.5	58	乐果	0.08

续表

序号	项目	标准值	序号	项目	标准值
59	敌敌畏	0.05	70	黄磷	0.003
60	敌百虫	0.05	71	钼	0.07
61	内吸磷	0.03	72	钴	1.0
62	百菌清	0.01	73	铍	0.002
63	甲萘威	0.05	74	硼	0.5
64	溴清菊酯	0.02	75	锑	0.005
65	阿特拉津	0.003	76	镍	0.02
66	苯并（a）芘	2.8×10^{-6}	77	钡	0.7
67	甲基汞	1.0×10^{-6}	78	钒	0.05
68	多氯联苯⑥	2.0×10^{-5}	79	钛	0.1
69	微囊藻毒素-LR	0.001	80	铊	0.0001

注：① 二甲苯：对-二甲苯、间-二甲苯、邻-二甲苯。

② 三氯苯：1，2，3-三氯苯、1，2，4-三氯苯、1，3，5-三氯苯。

③ 四氯苯：1，2，3，4-四氯苯、1，2，3，5-四氯苯、1，2，4，5-四氯苯。

④ 二硝基苯：对-二硝基苯、间-硝基氯苯、邻-硝基氯苯。

⑤ 多氯联苯：PCB-1016、PCB-1221、PCB-1232、PCB-1242、PCB-1248、PCB-1254、PCB-1260。

3.5.3 水域功能和标准分类

依据地表水水域环境功能和保护目标，将地表水水域按功能高低依次划分为五类：

Ⅰ类：主要适用于源头水、国家自然保护区。

Ⅱ类：主要适用于集中式生活饮用水地表水源地一级保护区、珍稀水生生物栖息地、鱼虾类产卵场、仔稚幼鱼的索饵汤等。

Ⅲ类：主要适用于集中式生活饮用水地表水源地二级保护区、鱼虾类越冬场、洄游通道、水产养殖区等渔业水域及游泳区。

Ⅳ类：主要适用于一般工业用水区及人体非直接接触的娱乐用水区。

Ⅴ类：主要适用于农业用水区及一般景观要求水域。

对应地表水上述五类水域功能，将地表水环境质量标准基本项目标准值分为五类，不同功能类别分别执行相应类别的标准值。水域功能类别高的标准值严于水域功能类别低的标准值。同一水域兼有多类使用功能的，执行最高功能类别对应的标准值。实现水域功能与达功能类别标准为同一含义。

3.5.4 标准值

（1）地表水环境质量标准基本项目标准限值见表3.7。

（2）集中式生活饮用水地表水源地补充项目标准限值见表3.8。

（3）集中式生活饮用水地表水源地特定项目标准限值见表3.9。

3.5.5 水质评价

地表水环境质量评价应跟据应实现的水域功能类别，选取相应类别标准，进行单因子评价，评价结果应说明水质达标情况，超标的应说明超标项目和超标倍数。

丰、平、枯水期特征明显的水域，应分水期进行水质评价。

集中式生活饮用水地表水源地水质评价的项目应包括表3.7中的基本项目、表3.8中的补充项目以及由县级以上人民政府环境保护行政主管部门从表3.9中选择确定的特定项目。

3.5.6 水质监测

本标准规定的项目标准值，要求水样采集后自然沉降30min，取上层非沉降部分按规定方法进行分析。地表水水质监测的采样布点、监测频率应符合国家地表水环境监测技术规范的要求。本标准水质项目的分析方法应优先选用表3.6到表3.8规定的方法，也可采用ISO方法体系等其他等效分析方法，但必须进行适用性检验。

表 3.7　地表水环境质量标准基本项目分析方法

序号	项目	分析方法	最低检出限/（mg/L）	方法来源
1	水温	温度计法		GB 13195－91
2	pH 值	玻璃电极法		GB 6920－86
3	溶解氧	碘量法	0.2	GB 7489－87
		电化学探头法		GB 11913－89
4	高锰酸盐指数		0.5	GB 11892－89
5	化学需氧量		10	GB 11914－89
6	五日生化需氧量		2	GB 7488－87
7	氨氮	纳氏试剂比色法	0.05	GB 7479－87
		水杨酸分光光度法	0.01	GB 7481－87
8	总磷	钼酸氨分光光度法	0.01	GB 11893－89
9	总氮	碱性过硫酸钾消解紫外分光光度法	0.05	GB 11894－89
10	铜	2，9-二甲基-1，10-菲啰啉分光光度法	0.06	GB 7473－87
		二乙基二硫代氨基甲酸钠分光光度法	0.010	GB 7474－87
		原子吸收分光光度法（螯合萃取法）	0.001	GB 7475－87
11	锌	原子吸收分光光度法	0.05	GB 7475－87
12	氟化物	氟试剂分光光度法	0.05	GB 7483－87
		离子选择电极法	0.05	GB 7484－87
		离子色谱法	0.02	HJ/T 84－2001
13	硒	2，3-二氮基萘荧光法	0.00025	GB 11902－89
		石墨炉原子吸收分光光度法	0.003	GB/T 15505－1995
14	砷	二乙基二硫代氨基甲酸银分光光度法	0.007	GB 7485－87
		冷原子荧光法	0.00006	1）
15	汞	冷原子吸收分光光度法	0.00005	GB 7486－87
		冷原子荧光法	0.00005	1）

续表

序号	项目	分析方法	最低检出限/（mg/L）	方法来源
16	镉	原子吸收分光光度法（螯合萃取法）	0.001	GB 7475－87
17	铬（六价）	二苯碳酰二肼分光光度法	0.004	GB 7467－87
18	铅	原子吸收分光光度法（螯合萃取法）	0.01	GB 7475－87
19	氰化物	异烟酸-吡唑啉酮比色法	0.004	GB 7487－87
		吡啶-巴比妥酸比色法	0.002	
20	挥发酚	蒸馏后4-氨基安替比林分光光度法	0.002	GB7490－87
21	石油类	红外分光光度法	0.01	GB/T 16488－1996
22	阴离子表面活性剂	亚甲蓝分光光度法	0.05	GB 7494－87
23	硫化物	亚甲基蓝分光光度法	0.005	GB/T 16489－1996
		直接显色分光光度法	0.004	GB/T 17133－1997
24	粪大肠菌群	多管发酵法、滤膜法		1）

注：暂采用上述分析方法，待国家方法标准公布后，执行国家标准。

1）国家环保局：《水和废水监测分析方法》（第三版），中国环境科学出版社，1989。

表3.8 集中式生活饮用水地表水源地补充项目分析方法

序号	项目	分析方法	最低检出限/（mg/L）	方法来源
1	硫酸盐	重量法	10	GB 11899－89
		火焰原子吸收分光光度法	0.4	GB 13196－91
		铬酸钡光度法	8	1）
		离子色谱法	0.09	HJ/T 84－2001
2	氯化物	硝酸银滴定法	10	GB 11896－89
		硝酸汞滴定法	2.5	1）
		离子色谱法	0.02	HJ/T 84－2001

续表

序号	项目	分析方法	最低检出限/（mg/L）	方法来源
3	硝酸盐	酚二磺酸分光光度法	0.02	GB 7480－87
		紫外分光光度法	0.08	1）
		离子色谱法	0.08	HJ/T 84－2001
4	铁	火焰原子吸收分光光度法	0.03	GB 11911－89
		邻菲啰啉分光光度法	0.03	1）
5	锰	高碘酸钾分光光度法	0.02	GB 11906－89
		火焰原子吸收分光光度法	0.01	GB 11911－89
		甲醛肟分光光度法	0.01	1）

注：暂采用上述分析方法，待国家方法标准发布后，执行国家标准。

1）国家环保局：《水和废水监测分析方法》（第三版），中国环境科学出版社，1989。

3.5.7 标准的实施与监督

本标准由县级以上人民政府环境保护行政主管部门及相关部门按职责分工监督实施。集中式生活饮用水地表水源地水质超标项目经自来水净化处理后，必须达到《生活饮用水卫生规范》（GB 3838－2002）的要求。省、自治区、直辖市人民政府可以对本标准中未作规定的项目，制定地方补充标准，并报国务院环境保护行政主管部门备案。

集中式生活饮用水地表水源地特定项目分析方法见表3.9。

表3.9 集中式生活饮用水地表水源地特定项目分析方法

序号	项目	分析方法	最低检出限/（mg/L）	方法来源
1	三氯甲烷	顶空气相色谱法	0.0003	GB/T 17130－1997
		气相色谱法	0.0006	1）

续表

序号	项目	分析方法	最低检出限/（mg/L）	方法来源
2	四氯化碳	顶空气相色谱法	0.00005	GB/T 17130－1997
		气相色谱法	0.0003	1）
3	三溴甲烷	顶空气相色谱法	0.001	GB/T 17130－1997
		气相色谱法	0.006	1）
4	二氯甲烷	顶空气相色谱法	0.0087	1）
5	1，2-二氯乙烷	顶空气相色谱法	0.0125	1）
6	环氧氯丙烷	气相色谱法	0.02	1）
7	氯乙烯	气相色谱法	0.001	1）
8	1，1-二氯乙烯	吹出捕集气相色谱法	0.000018	1）
9	1，2-二氯乙烯	吹出捕集气相色谱法	0.000012	1）
10	三氯乙烯	顶空气相色谱法	0.0005	GB/T 17130－1997
		气相色谱法	0.003	1）
11	四氯乙烯	顶空气相色谱法	0.0002	GB/T 17130－1997
		气相色谱法	0.0012	1）
12	氯丁二烯	顶空气相色谱法	0.002	1）
13	六氯丁二烯	气相色谱法	0.00002	1）
14	苯乙烯	气相色谱法	0.01	1）
15	甲醛	乙酰丙酮分光光度法	0.05	GB/T 17130－1997
		4-氨基-3-联氨-5-巯基-1，2，4-三氮杂茂（AHMT）分光光度法	0.05	1）
16	乙醛	气相色谱法	0.24	1）
17	丙烯醛	气相色谱法	0.019	1）
18	三氯乙醛	气相色谱法	0.001	1）
19	苯	液上气相色谱法	0.005	GB 11890－89
		顶空气相色谱法	0.00042	1）

续表

序号	项目	分析方法	最低检出限/（mg/L）	方法来源
20	甲苯	液上气相色谱法	0.005	GB 11890－89
		二硫化碳萃取气相色谱法	0.05	
		气相色谱法	0.01	1）
21	乙苯	液上气相色谱法	0.005	GB 11890－89
		二硫化碳萃取气相色谱法	0.05	
		气相色谱法	0.01	1）
22	二甲苯	液上气相色谱法	0.005	GB 11890－89
		二硫化碳萃取气相色谱法	0.05	
		气相色谱法	0.01	1）
23	异丙苯	顶空气相色谱法	0.0032	1）
24	氯苯	气相色谱法	0.01	HJ/T 74－2001
25	1，2-二氯苯	气相色谱法	0.002	GB/T 17131－1997
26	1，4-二氯苯	气相色谱法	0.005	GB/T 17131－1997
27	三氯苯	气相色谱法	0.00004	1）
28	四氯苯	气相色谱法	0.00002	1）
29	六氯苯	气相色谱法	0.00002	1）
30	硝基苯	气相色谱法	0.0002	GB 13194－91
31	二硝基苯	气相色谱法	0.2	1）
32	2，4-二硝基甲苯	气相色谱法	0.0003	GB 13194－91
33	2，4，6-三硝基甲苯	气相色谱法	0.1	1）
34	硝基氯苯	气相色谱法	0.0002	GB 13194－91
35	2，4-二硝基氯苯	气相色谱法	0.1	1）
36	2，4-二氯苯酚	电子捕获-毛细管气相色谱法	0.0004	1）
37	2，4，6-三氯苯酚	电子捕获-毛细管气相色谱法	0.00004	1）

续表

序号	项目	分析方法	最低检出限/（mg/L）	方法来源
38	五氯酚	气相色谱法	0.00004	GB 8972－88
		电子捕获-毛细管气相色谱法	0.000024	1）
39	苯胺	气相色谱法	0.002	1）
40	联苯胺	气相色谱法	0.0002	2）
41	丙烯酰胺	气相色谱法	0.00015	1）
42	丙烯腈	气相色谱法	0.10	1）
43	邻苯二甲酸二丁酯	液相色谱法	0.0001	HJ/T 72－2001
44	邻苯二甲酸二（2-乙基己基）酯	气相色谱法	0.0004	1）
45	水合肼	对二甲氨基苯甲醛直接分光光度法	0.005	1）
46	四乙基铅	双硫腙比色法	0.0001	1）
47	吡啶	气相色谱法	0.031	GB/T 14672－93
		巴比土酸分光光度法	0.05	1）
48	松节油	气相色谱法	0.02	1）
49	苦味酸	气相色谱法	0.001	1）
50	丁基黄原酸	铜试剂亚铜光光度法	0.002	1）
51	活性氯	N，N-二乙基对苯二胺（PDP）分光光度法	0.01	1）
		3，3’，5，5’-四甲基联苯胺比色法	0.005	1）
52	滴滴涕	气相色谱法	0.0002	GB 7492－87
53	林丹	气相色谱法	$4*10^{-6}$	GB 7492－87
54	环氧七氯	液液萃取气相色谱法	0.000083	1）
55	对流磷	气相色谱法	0.00054	GB 13192－91
56	甲基对流磷	气相色谱法	0.00042	GB 13192－91
57	马拉硫磷	气相色谱法	0.00064	GB 13192－91

续表

序号	项目	分析方法	最低检出限/（mg/L）	方法来源
58	乐果	气相色谱法	0.00057	GB 13192－91
59	敌敌畏	气相色谱法	0.00006	GB 13192－91
60	敌百虫	气相色谱法	0.000051	GB 13192－91
61	内吸磷	气相色谱法	0.0025	1）
62	百菌清	气相色谱法	0.0004	1）
63	甲萘威	高效液相色谱法	0.01	1）
64	溴清菊酯	气相色谱法	0.0002	1）
		高效液相色谱法	0.002	1）
65	阿特拉津	气相色谱法		2）
66	苯并（a）芘	乙酰化滤纸层析荧光分光光度法	4×10^{-6}	GB 11895－89
		高效液相色谱法	1×10^{-6}	GB 13198－91
67	甲基汞	气相色谱法	1×10^{-8}	GB/T 17132－1997
68	多氯联苯	气相色谱法		2）
69	微囊藻毒素-LR	高效液相色谱法	0.00001	1）
70	黄磷	钼锑抗分光光度法	0.0025	1）
71	钼	无火焰原子吸收分光光度法	0.00231	1）
72	钴	无火焰原子吸收分光光度法	0.00191	1）
73	铍	铬菁 R 分光光度法	0.0002	HJ/T 58－2000
		石墨炉原子吸收分光光度法	0.00002	HJ/T 59－2000
		桑色素荧光分光光度法	0.0002	1）
74	硼	姜黄素分光光度法	0.02	HJ/T 49－1999
		甲亚胺-H 分光光度法	0.2	1）
75	锑	氢化原子吸收分光光度法	0.00025	1）
76	镍	无火焰原子吸收分光光度法	0.00248	1）
77	钡	无火焰原子吸收分光光度法	0.00618	1）

续表

序号	项目	分析方法	最低检出限/（mg/L）	方法来源
78	钒	钽试剂（BPHA）萃取分光光度法	0.018	GB/T 15503－1995
		无火焰原子吸收分光光度法	0.00698	1）
79	钛	催化示波极谱法	0.0004	1）
		水杨基荧光酮分光光度法	0.02	1）
80	铊	无火焰原子吸收分光光度法	$1*10^{-6}$	1）

注：暂采用上述分析方法，待国家方法发布后，执行国家标准。

1）中华人民共和国卫生部：《生活饮用水卫生规范》，中华人民共和国卫生部，2001。

2）美国公共卫生协会：《水和废水标准检验法》（第15版），中国建筑工业出版社，1985。

3.6 本章小结

本章主要研究和论述了地表水水情信息监测，首先研究了水情测报系统在国内外的发展现状，重点研究了地表水监测项目与分析方法；然后研究了水情传感器及其原理；最后介绍了主要的地表水情监测的传感器及其监测参数。

第 4 章　地下水水情

4.1　水资源专题业务数据

水资源专题数据一般包括地下水水情、地下水开采量、地下水源地来水量日报、地下水源地来水量月报、地下水源地来水量年报、地下水水源地水质评价信息等，见表 4.1。

表 4.1　水资源专题数据

专题数据	详细数据
地下水水情	地下水埋深、地下水埋深注解、泉涌水流量、地下水水温、地下水水势
地下水开采量	统计时段标志、水井开采量、水井开采量测法
地下水源地来水量日报	日期、平均水位、平均水温、地下水埋深
地下水源地来水量月报	平均水位、平均水温、地下水埋深、可开采量
地下水源地来水量年报	水源地代码、年份、地下水性质、水源地面积、地下水资源量
地下水水源地水质评价信息	测站代码、采样时间、测定时间、地下水性质、水质类别

4.2　地下水水位监测

4.2.1　地下水水位的监测要求

地下水水位是最普遍、最重要的地下水监测要素。地下水水位一般都以“埋深”进行观测，再得到水位。

按《地下水监测规范》（SL 183－2005）要求，人工观测时，“两次测量允许偏差为±0.02m；水位自动监测时，允许精度误差为±0.01m”。在其附录中对传感器规定“组建系统应选用 3 级以上设备”，3 级精度的水位计水位误差是±3cm（10cm 水位变幅范围内）。在《地下水监测站建设技术规范》（SL 360－2006）中规定“水位监测误差应为±0.02m”。

测量地下水水位的仪器并不比测量地表水位的水位计先进。使用条件中有利的方面为：水体的地下环境比较稳定，水位变幅较慢（除抽水试验外），水质也比地表水好；不利的一面为：埋深可能很深，测井管可能很小。

考虑综合影响，地下水位的观测准确性不容易普遍达到 0.01m，可考虑按“水位监测误差应为±0.02m”（并限定变幅 10m）执行，比较符合实际情况。上述规范也都在修订中。现行的地下水水位计的仪器标准落后于实际情况。

4.2.2 地下水水位的监测方法和仪器

监测地下水水位的方法可以分为人工观测和自动观测两种，使用人工和自动观测设备。

1. 地下水水位人工观测仪器

人工观测地下水水位基本上应用测盅和电接触悬锤式水尺，还有更简单的代用措施。

（1）地下水水位测盅。

测盅是最古老的地下水水位测具，测盅盅体是长约 10cm 的金属中空圆筒，直径数厘米，圆筒一端开口，另一端封闭，封闭端系测绳，开口端向下。测量时，人工提测绳，将测盅放至地下水水面，上下提放测盅。测盅开口端接触水面时会发出撞击声，由此判断水面位置，读取测绳上刻度，得到地下水埋深值。此方法很简单，目前还一直在较大范围内使用。由于判断测盅接触水面会产生误差，同时测绳的长度也存在误差，水位观测值不会很准确。测盅没有正规产品，此方法也不应再继续使用。

（2）电接触悬锤式水尺。

这种地下水水位测量设备也常被称为“悬锤式水位计”“水位测尺”。仪器由水位测锤、测尺、接触水面指示器（音响、灯光、指针）、测尺收放盘等组成。

测尺是一柔性金属长卷尺，其上附有两根导线，卷尺上有很准确的刻度。测锤有一定重量，端部有两个相互绝缘的触点，触点与导线相联；也可以以锤体作为一个触点。两触点接触地下水体时，电阻变小（导通）。地上与两根导线相联的音响、灯光、指针指示发出信号，表示已到达地下水水面。

从测尺上读出读数，可以知道地下水埋深。

这种仪器简单，便于携带，对使用者的熟练程度要求不高，可以用于各种地下水水位的观测。由于能很准确地指示地下水面的位置，水位测量准确性较高。测尺是专门制作的，高质量的产品可以达到±1cm/100m 的准确度（刻度）。定期按规定进行计量或校核后能保证地下水水位测量的准确性。

测尺的长度基本不受限制，有 500m 的产品，可用于不同的地下水埋深与变幅。

国内和国外都有这类产品，其技术性、结构都差不多。测尺都是覆盖塑料涂层的钢卷尺，刻度 1mm；水位测锤用不锈钢材料制造，带触点，直径小于 20mm；水位指示用音箱、灯光、指针形式，都是直流电池供电，准确度（刻度）能达到±2cm/100m 或±1cm/100m。

有些产品可测井深，可以选配温度传感器测量、地下水温。

2. 地下水位自动监测仪器

能自动测量地下水位的仪器主要有浮子式和压力式两种地下水位计，曾经应用过自动跟踪式悬锤水尺。大口径测井、埋深不大时，可以应用所有类型的地表水位计。

（1）浮子式地下水位计。

浮子式地下水位计的结构和测地表水位用的浮子式水位计相同。感应水位变化的都是浮子、悬索、水位轮系统，一般也都有平衡锤，或者用自收悬索机构取代平衡锤。早期的长期水位记录采用长图纸带划线方式，目前已基本不生产。现在的产品用编码器将水位值编码输出供固态存储记录或遥测传输。一般的产品，其编码器在地面上；先进的产品，整个仪器，包括水位感应、编码器、固态存储、电源等所有部分都悬挂在井中水面上自动工作。

浮子式地下水位计一般都能在 10cm 口径的测井管中工作，有些可装在 5cm 口径的井内工作，水位轮、浮子、平衡锤的直径都很小。小浮子感应水位变化的灵敏度较差。地下水埋深较大，悬索长，也影响水位感应灵敏度。因此，地下水位计的记录机构、编码器的阻力应尽可能小些，还应避免悬索和水位轮之间打滑，应优先选用带球钢丝绳、穿孔带作为悬索。一些产品应用自收悬索的方法，不应使用放入井中的平衡锤，以便于应用于小口径测井。

用于地表水的浮子式自记水位计可以直接用于井径较大（大于 40cm）、地下水埋深较浅的地下水水位测量。

浮子式地下水位计结构简单、可靠，便于操作维护。只要测井口径满足安装要求，可以用于所有地点，水位测量的准确性也较高。

水位编码器的性能各异，选用时要注意。地下水埋深较大时，尤其要注意悬索、水位轮的配合，了解和控制可能产生的误差。浮子式水位计对测井的倾斜度有要求，应用时需注意。不同产品的性能差距很大，具体如下：

1）用普通日记水位计改造的产品。适用井径：10cm；水位变化范围：0～10cm；水位准确性：±2cm；水位记录：24h，划线记录；平衡锤：平衡锤进入测井。

2）国内的浮子式编码地下水位计。水位输出：格雷码编码输出，供记录和数据传输；适用井径：12cm；仪器结构：仪器主体在地面上。可选自收悬索方式，不使用平衡锤。

3）国外先进的浮子式地下水位计。适用井径：50mm（约 2 英寸）；适用埋深、水位范围：埋深不限，水位变化范围 0～15m，可按需要配置；水位准确度：<1cm；悬索：带球钢丝绳；水位输出记录方式：内置编码器、固态存储器、电池，自动存储。记录能力：电池寿命 15a，存储数据 15000 个；仪器结构：一体化结构，没有地上部分，可以整体悬挂安装在井内工作。

（2）压力式地下水位计。

压力式地下水位计的原理结构和测量地表水的压力水位计一致。仪器测量水面以下某一点的静水压力，再根据水体的密度换算得到此测量点以上水位的高度，从而得到水位。水面上承受着大气压力，所以水下测点测到的压力是测量点以上水柱高度形成的水压力与水体表面的大气压力之和。换算成水位高度时应减去大气压力，或者应用补偿方式自动减掉大气压力。在应用的仪器设备中，这一补偿过程是自动进行的。

压力式地下水位计包括压力传感器和水位显示记录器、专用电缆、电源等，也可以是一体化的。一体化压力式地下水位计的压力传感器、测量控制装置、固态存储器、电源都密封安装在一细长圆柱状的机壳内，具有相应的耐压密封性能。用专用缆索挂在地下水测井内的最低水位以下。仪器按设定时间间隔自动采集、存储水位数据。其存储的水位数据可以通过专用电缆或光纤在地面上采集，采集时使用一般计算机或专用数据收集器。也可能需要定时将仪器整体提上地面，采集数据。需要接入自动化系统时应用专用电缆传输。国外产品基本上是这种一体化形式。

传感器＋主机形式的压力式地下水位计由压力传感器和测量控制装置组成，用专用电缆连接。压力传感器用专用缆索悬挂在地下水测井内的最低水位以下，测控装置在地面上。电源和记录装置也可能是单独地和测控装置相连。国内产品目前都是这种形式。

浮子式地下水位计的水位准确性会受小测井的影响，而压力式地下水位计没有这个问题，可以用于直径 5cm 的地下水位测井，甚至 2.54cm 直径的测井。因此可以认为使用中对测井口径没有要求，而且基本上可以适用于任何埋深。地下水中的泥沙含量少，水质密度较为稳定，很适合压力式地下水位计的应用。因而，压力式地下水水位计适合地下水水位的高准确度测量。

一体化的压力式地下水位计的所有工作部分都在地下水测井的水下，不受地面上的干扰，工作稳定。

此水位计同时可测量水温，具有温度补偿修正功能。陶瓷电容式压力传感器弥补了硅压力传感器的一些不足，使压力传感元件更加稳定。压力式地下水位计的水位测量准确性已高于浮子式地下水位计。

需要同时测量某些水质参数时，可以选用同时具有某些水质参数测量功能的多参数压力水位计，同时测量记录水位、水温、水质等参数。

（3）自动跟踪式悬锤水尺。

应用电接触悬锤式水尺时，需要人工下放测锤，观测灯光、音响信号，以判别测锤是否正好接触水面。自动跟踪式悬锤水尺用一电机自动下放测锤，测锤接触水面时，导通信号并控制电机停止转动。测尺下放时联动一编码器，或者用步进电机下放测尺，测得接触水面时测尺的下放长度。此长度数据由编码器输出，或由步进电机输出，就能自动测得地下水水位。

这类仪器结构较复杂，可动部件较多，可靠性差，水位测量误差也较大。目前已没有适用的产品。

4.2.3 国内外地下水监测仪器的比较

国外大量应用电接触悬锤式水尺人工观测地下水水位。国内外都有这类产品，其性能差别不大。国外不使用测盅观测地下水水位。

1. 自动监测用国内外地下水位计比较

（1）浮子式地下水位计的比较。

国内的此类产品主要是兼用于地表水位测量的仪器。共同特点是浮子较小，直径一般在6～10cm之间；另一特点是水位记录装置或编码器体积较大，阻力也偏大，都要安装在地面上。大多数产品并不是专门为地下水水位测量而设计的，还没有设计成能较大范围地应用于各种地下水位测井的水位计。国外产品都是专门设计用于地下水水位测量的，其浮子很小，有些产品的浮子连同平衡锤可以安装在5cm直径的测井内。典型的产品，其编码器和存储记录器是一体化、小型化的，可以吊装在测井内。悬索采用带球钢丝绳，使用标准接口，可以接入自动化系统。国内还没有可以和国外先进产品相比较的浮子式地下水位计。

（2）压力式地下水位计的比较。

国内有几种压力式地下水位计产品，是专门设计用于地下水水位自动测量的，不是一体化结构，可以长期自动测量地下水水位，也可以用固态存储方式存储，且都能以标准接口输出和接入自动化系统。有的可以自动测量水温，并同时对水位进行修正。水位测量准确性可以基本满足规范要求。

国外的压力式地下水位计产品种类很多，在国内销售的典型产品各有特点，但它们的综合性能、各项指标都不同程度地超过国产产品。基本情况如下：

1）结构与体积。国外产品基本上都是一体化的，传感器、固态存储器、电源在一个整体内，悬挂在水下工作，其直径可以小于3cm，用于2.54cm直径的测井。

2）存储量大，存储数据都大于10000个。

3）使用方便，功耗低，多数仪器工作6～8年不需更换内装电池，不需调整，但有些仪器不能自行更换电池。

4）水位准确性高，多优于±1‰，可以达到±0.5‰。

5）可靠性高，MTBF 都大于3a。

6）多参数记录性能，很多产品具有多参数测记性能，包括水温、水质参数。

7）保护措施好，具有不同程度的防干扰、抗雷击、防破坏措施。

8）产品化程度高，这是保证产品性能稳定可靠的最重要条件。

4.2.4 地下水位监测仪器的应用与厂家

水文系统目前基本依靠人工观测地下水位，大量使用测盅测量地下水位，少量站点应用地下水位测尺测量地下水位。少数测站能自动测记地下水位，基本上使用浮子式地下水位计，划线记录。有少量地下水位遥测系统，使用浮子式编码水位计或压力式水位计。除数据存储可靠性外，这些方法和仪器都能满足现行要求。但实际上人工观测地下水位的准确性差别很大，难以达到2cm误差的要求。地下水位计厂家及参数见表4.2。

表4.2 地下水位计厂家及参数

厂家	仪器型号	仪器主要参数	主要测试对象、工作原理
山东昊润自动化技术有限公司	CHR.WYS-1 压力式水位计	精度：0.05%/F·S.（0～50℃） 量程：10m 供电电压：5～24V DC（外部电源电压） 静态工作电流：3～4mA 温补范围：0～50℃ 工作温度：-10～70℃ 通信方式：RS485接口、MODBUS-RTU协议 温度测量精度：±0.2℃ 温度测量分辨率：0.02℃ 防护等级：IP68	采用静压液位测量原理，中央处理单元实时采集或定时采集压力传感器、温度传感器数据，并在内部运用复杂算法对压力传感器数据进行线性修正和温度补偿；系统采用传感器全部为高稳定性、高精度传感器，从根本上保证了产品的稳定性和精度；产品为RS485数字输出接口，数据协议为标准MODBUS-RTU协议，支持组网
哈希	OTT PLS 压力水位计	量程：0～5 m、0～10m、0～20m、0～40m、0～100m 长期稳定性：±0.05% F·S. /a 分辨率：0.05% F·S. 线性度，重复性 ＜0.03 % F·S. 自动温度、密度、海拔及重力补偿 输出：SDI12，或4～20 mA 电源：8.5到30V DC 温度补偿范围：-5～45℃（无冰期）	各种地表水水位测量、地下水水位测量、长期水位测量等需要测量水位的应用

续表

厂家	仪器型号	仪器主要参数	主要测试对象、工作原理
哈希	OTT PLS 压力水位计	工作温度：-25～70℃（冰期） 测量时间：启动时间 500 ms；响应时间 500ms 尺寸：170mm × 19mm	
南京斯比特电子科技有限公司	SVW-1（B）型压力水位计	供电压力：12V DC 分辨力：1mm 通讯方式：RS485 量程：1～200m 测量精度：<±1cm（10m 量程） 稳定性：<0.1%F·S./a 工作温度：-40～150℃ 传感器尺寸（mm）：30（ϕ）× 110（H）	SVW-1 型压力水位（液位）计（简称 SVW-1）可用于江、河、湖、海（需定制防盐型）、地下水或油等非腐蚀性流体的压力测量

4.3 地下水水质、污染及监测项目

4.3.1 地下水水质监测要求

《水环境监测规范》（SL 219－2013）规定了地下水水质监测项目，参数与地表水接近，其分析方法按地表水规定执行。此规范也规定了地下水采样方法。此规范没有规定对地下水水质自动监测的要求。

4.3.2 地下水水质的监测方法和设备

地下水水质监测方法可以分为人工采样分析和自动监测两种方法。

人工测量时一般都只在现场采集水样，带回实验室分析。也可以使用便携式自动测量仪在现场进行人工自动测量和采样现场分析。地下水采样最好使用地下水采样泵和采样器，型式较多。一些采样器是工业上用的，也可用于一般的地下水采样。

自动监测又可分为电极法水质自动测量和抽水采样自动分析方法。地下水水质自动监测基本上都采用电极法水质自动测量仪器。

1. 电极法水质直接测量仪器

电极法水质直接测量仪器的传感器（水质测量电极或相应的测量元件）放入水体中，能直接感测或转换得到某一水质参数的数值。某一种电极只能测得某一种水质参数。感应头直接感应水质，没有可动部件，可以较长时期在水中工作，连续测量。使用时，将仪器悬挂在地下水测井的水下。一体化产品的测量电极、测控电路、数据存储器、电源等部件是一个整体，在水下自动完成测量、记录，通过专用电缆读取数据和遥测传输。非一体化仪器的测控、记录、电源部分在地面上。

电极法水质直接测量仪器的特点：

（1）应用范围广，可以对大多数水质进行直接测定。

（2）线性范围广，这是相对于测得电位等量的值与水质参数的关系稳定性而言的。

（3）快速，这是自动测量所必需的，不过也是相对于自动分析法而言的。

（4）设备简单，电极简单、牢固、体积不大，便于安装应用。

（5）价格较低，比自动分析仪器便宜很多。

电极法水质直接测量仪器的局限性：

（1）一些产品的维护要求较高，有定期清洗、更换耗件的要求。

（2）测量准确度稍低。这是相对于自动分析法来讲的。

（3）不同测量电极的产品性能差别很大。地下水水质的电极法直接测量仪器很多，性能差异不大，但国产产品罕见。

一种国外地下水位水质多参数仪器的参数特点：

（1）仪器尺寸：可用于50.8mm直径的测井。

（2）可测参数：水位、水温、电导率、溶氧、pH、盐度、浊度等参数。

（3）最多同时测量参数：13个。

（4）存储方式：固态存储。

（5）接口：RS-485。

2. 地下水水质自动分析仪器

用于地下水的水质自动分析仪器和用于地表水的相同。工作时要从地下水测井中直接抽取水样。在地下水埋深较深时，以及需要分层采样时，对水样采取设备有特殊要求。极少将水质自动分析仪器安装在地下水测井现场自动测量地下水质。

3. 人工在现场直接测量地下水水质的仪器

这类仪器都是便携式的，分为两类：一类是便携式直接法水质测量仪，另一类是便携式水质分析仪。这两类仪器主要用于地表水水质的现场人工测量，都需要现场采取水样（或投放入水体中）进行测量。

4. 地下水采样设备

地下水采样设备分为采样泵和采样器两类。地下水采样泵将地下水抽出地面，一般都具有大扬程、流量小的特点。按工作特性不同，有底阀、双阀、气囊式、蠕动、不连续间隔等取样泵。其中的底阀取样泵可以人工操作，最大扬程 30m。低流量的气囊式取样泵用压缩空气挤压气囊将水样提升出地面，水样不和气体接触，也不受搅拌和抽吸影响。低流量采样又减少了对地下水体的扰动。因此，得到的水样代表性较好。一些取样泵可以工作在直径 2cm 的测井内。地下水采样器放入地下水水面以下，取得某一指定深度的水样，在提升到水面的过程中不能与地下水体发生水的交换。在进入地下水水面到达指定深度的过程中，也不应有这一行程中的水体停留在采样器中。

简单的地下水采样器一般以长圆形采样筒为主体，上、下端具有自动开闭的简单阀门，控制水样的进入和防止漏失。也可用落锤的方式击下钟形采样筒，采取水样。采样容积基本上在 0.5～1.5L 范围内，配有有刻度的悬挂测绳，用手摇绞盘提放，手摇绞盘类似于悬锤式地下水位计。地下水采样器一般工作在口径大于 5cm 的测井内。

4.3.3 国内外地下水水质监测仪器的应用与厂家

水文系统基本都用取水样回实验室分析的方法测量地下水水质。也有开始使用地下水水质自动监测仪器的，但应用得极少。其他行业应用得多一些。

国内水文系统大多数取样方法只是在生产井出流处取水样，基本上没有使用专用的地下水采样设备进行地下水水质采样。其他行业有一些应用。国外比较普遍地应用自动水质监测设备、地下水采样器和采样泵。地下水水质传感器厂家及参数见表4.3。

表4.3 地下水水质传感器厂家及参数

厂家	仪器型号	仪器主要参数	主要测试对象、工作原理
北京宝利恒科技有限公司	ADS5（美国哈希）水质分析仪器	外径：8.9cm；长度：58.4cm 温度传感器：范围为-5～50℃；精度为±0.10℃；分辨率为0.01℃ 电导率传感器：范围为0～100mS/cm；精度读数的±1%为±0.001mS/cm；分辨率为0.0001个单位 四电极法：电极为耐腐蚀的石墨电极 pH传感器：范围为0～14个单位；精度为±0.2个单位；分辨率为0.01个单位	用于地表水、地下水、水源水、饮用水、污水排放口水、海洋水等不同水体的水质在线及便携监测。监测参数包括溶解氧、pH、ORP（氧化还原电位）、电导率（盐度、总溶解固体、电阻）、温度、深度、浊度、叶绿素a、蓝绿藻、若丹明WT、铵/氨离子、硝酸根离子、氯离子、环境光、总溶解气体共十五种参数
普雷德仪器	多参数水质传感器WMP6	通信接口：RS485或USB（可选） 工作环境：-5～60℃，最大压力为3bar（最大可选30bar） 防护设计：独立数据接口 材质：PVC 电源：10.8～16V DC，最大30mA 尺寸：512mm×70mm（长度×直径） 线缆长度：标配30m（带气压补偿，IP68防水接头）	WMP6是一款可同步检测水质多项指标的集成式传感器，标配为六种参数：pH、水深（水位）、温度、电导率、氧化还原电位（ORP）、溶解氧（DO）

续表

厂家	仪器型号	仪器主要参数	主要测试对象、工作原理
烟台凯米斯仪器有限公司	在线水质监测与控制器MPC-400	量程。电导率：0.01μS/cm～600mS/cm 或 0～100PSU；量程可根据客户需求订制；pH：0～14；溶解氧：0～19.99mg/L 或 0～200%饱和度；浊度：0.1～1000 NTU 分辨率。电导率：0.1；pH：0.01；溶解氧：0.01mg/L；浊度：0.1 精度。电导率：±1.5%F·S.；pH：±0.1；溶解氧：±2%F·S.；浊度：<5%或 0.3NTU 信号输出方式：Rs485（Modbus/RTU） 校准方式：两点校准 防护等级：IP68 功耗：<10W	系统应用领域广，如水产养殖、工业生活污水排放、农业灌溉用水、环境监测等。包括温度、溶解氧、电导率、pH、ORP、浊度、盐度、氨氮等参数

4.3.4 监测项目与分析方法

1. 监测项目选择原则

（1）反映本地区地下水主要天然水化学与水污染状况。

（2）满足地下水资源管理与保护要求。

（3）按本地区地下水功能和用途选择，并应符合相应质量标准的规定。

（4）矿区或地球化学高背景区，可根据矿物成分、丰度来选择。

（5）专用监测井按监测目的与要求选择。

2. 地下水水质监测项目要求

（1）国家重点监测井和一般监测井应符合表 4.4 中常规项目要求。地球化学背景高的地区和地下水污染严重区的控制监测井，应根据主要污染物增加有关监测项目。

（2）生活饮用水水源监测井的监测项目，应符合常规项目要求，并根据实际情况增加反映本地区水质特征的其他有关监测项目。

表 4.4　地下水监测项目

必测项目	选测项目
pH 值、总硬度、溶解性总固体、钾、钠、钙、镁、氨氮、硝酸盐、硫酸盐、氯化物、重碳酸盐、亚硝酸盐、挥发性酚、氰化物、高锰酸盐指数、氟化物、砷、汞、镉、六价铬、铅、铁、锰、总大肠菌群	色、嗅和味、浑浊度、肉眼可见物、铜、锌、钼、钴、阴离子合成洗涤剂、电导率、溴化物、碘化物、亚硝胺、硒、铍、钡、镍、六六六、滴滴涕、细菌总数、总 α 放射性、总 β 放射性

（3）水源性地方病流行地区应另增加碘、钼、硒、亚硝胺以及其他有机物、微量元素和重金属等监测项目。

（4）沿海地区和北方盐碱区应另增加电导率、溴化物和碘化物等监测项目。

（5）农村地下水可选测有机氯、有机磷农药等监测项目。有机污染严重区域应增加苯系物、烃类等挥发性有机物监测项目。

（6）进行地下水水化学类型分类，应测定钙、镁、钠、钾阳离子以及氯化物、硫酸盐、重碳酸盐、硝酸盐等天然水化学项目。

（7）用于锅炉或冷却等工业用途的，应增加侵蚀性二氧化碳、磷酸盐等监测项目。

（8）矿泉水源调查应增加反映矿泉水特征和质量的监测项目。

3. 分析方法选用原则

（1）采用国家标准分析方法，并与相关质量标准的规定一致。

（2）专用监测井、地下水资源普查的监测项目，其分析方法可选用国家或水利行业标准分析方法。

（3）特殊监测项目尚无国家或行业标准分析方法时，可采用 ISO 等标准分析方法，但须进行适用性检验，验证其检出限、准确度和精密度等技术指标是否均能达到质控要求。

4. 地下水现场监测

凡能在现场测定的项目，均应在现场测定，包括水位、水量、水温、pH 值、电导率、浑浊度、色、嗅和味、肉眼可见物等指标，同时还应测定气温、描述天气状况和近期降水情况。

（1）现场监测方法。

1）水位。

a．地下水水位监测是测量静水位埋藏深度和高程。水位监测井的起测处（井口固定点）和附近地面必须测定高度。可按《水文普通测量规范》（SL 58－93）执行，按五等水准测量标准接测。

b．水位监测每年两次，丰水期、枯水期各一次。

c．与地下水有水力联系的地表水体的水位监测，应与地下水水位监测同步进行。

d．同一水文地质单元的水位监测井，监测日期及时间尽可能一致。

e．有条件的地区，可采用自记水位仪、电测水位仪或地下水多参数自动监测仪进行水位监测。

f．手工法测水位时，用布卷尺、钢卷尺、测绳等测具测量井口固定点至地下水水面竖直距离两次，当连续两次静水位测量数值之差不大于±1cm/10m 时，将两次测量数值及其均值记入表内。

g．水位监测结果以 m 为单位，记至小数点后两位。

h．每次测水位时，应记录监测井是否曾抽过水，以及是否受到附近的井的抽水影响。

2）水量。

a．生产井水量监测可采用水表法或流量计法。

b．自流水井和泉水水量监测可采用堰测法或流速仪法。

c．当采用堰测法或孔板流量计进行水量监测时，固定标尺读数应精确到 mm。

d．水量监测结果（m^3/s）记至小数点后两位。

3）水温。

a．对下列地区应进行地下水温度监测：①地表水与地下水联系密切地区；②进行回灌地区；③具有热污染及热异常地区。

b．有条件的地区，可采用自动测温仪测量水温，自动测温仪探头位置应放在最低水位以下3m处。

c．手工法测水温时，深水水温用电阻温度计或颠倒温度计测量，水温计应放置在地下水面以下1m处（对泉水、自流井或正在开采的生产井可将水温计放置在出水水流中心处，并全部浸入水中），静置10min后读数。

d．连续监测两次，连续两次测值之差不大于0.4℃时，将两次测量数值及其均值记入“地下水采样记录表”内。

e．同一监测点应采用同一个温度计进行测量。

f．水温监测每年1次，可与枯水期水位监测同步进行。

g．监测水温的同时应监测气温。

h．水温监测结果（℃）记至小数点后一位。

4）pH值。

用测量精度高于0.1的pH计测定。测定前按说明书要求认真冲洗电极并用两种标准溶液校准pH计。

5）电导率。

6）浑浊度。

用目视比浊法或浊度计法测量。

7）色。

a．黄色色调地下水色度采用铂—钴标准比色法监测。

b.非黄色色调地下水可用相同的比色管，分取等体积的水样和去离子水比较，进行文字定性描述。

8）嗅和味。

测试人员应不吸烟，未食刺激性食物，无感冒、鼻塞症状。

a．原水样的嗅和味。

取100ml水样置于250ml锥形瓶内，振摇后从瓶口嗅水的气味，用适当词语描述，并按六级记录其强度，见表4.5。

与此同时，取少量水样放入口中（此水样应对人体无害），不要咽下去，品尝水的味道，加以描述，并按六级记录强度等级，见表4.5。

b．原水煮沸后的嗅和味。

将上述锥形瓶内水样加热至开始沸腾，立即取下锥形瓶，稍冷后按（1）法嗅气和尝味，用适当的词句加以描述，并按六级记录其强度，如表4.5。

表4.5　嗅和味的强度等级

等级	强度	说明
0	无	无任何嗅和味
1	微弱	一般饮用者甚难察觉，但嗅、味敏感者可以发觉
2	弱	一般饮用者刚能察觉
3	明显	已能明显察觉
4	强	已有很显著的嗅和味
5	很强	有强烈的恶嗅或异味

注：有时可用活性炭处理过的纯水作为无嗅对照水。

9）肉眼可见物。

将水样摇匀，在光线明亮处迎光直接观察，记录所观察到的肉眼可见物。

10）气温。

可用水银温度计或轻便式气象参数测定仪测量采样现场的气温。

（2）现场监测仪器设备的校准。

1）自记水位仪和电测水位仪应每季校准一次，地下水多参数自动监测仪每月校准一次，以及时消除系统误差。

2）布卷尺、钢卷尺、测绳等水位测具每半年检定一次（检定量具为 50m 或 100m 的钢卷尺），其精度必须符合国家计量检定规程允许的误差规定。

3）水表、堰槽、流速仪、流量计等计量水量的仪器每年检定一次。

4）水温计、气温计最小分度值应不大于 0.2℃，最大误差不超过±0.2℃，每年检定一次。

5）pH 计、电导率仪、浊度计和轻便式气象参数测定仪应每年检定一次。

6）目视比浊法和目视比色法所用的比色管应成套。

地下水污染来源与分布类型见表 4.6，地下水监测分析方法见表 4.7。

表 4.6　地下水污染来源与分布类型

生产地下水污染的活动类型		污染负荷的特征		
		分布类型	污染主要类型	污染指标
城市区	无下水设施的任意排污（a）	u/r P-D	nfos	NO_2^-，NH_4^+，Fc（S）
	河道渗漏（a）	u P-L	ofns	NO_3^-，NH_4^+，Fc（S）
	生活污水氧化塘渗漏（a）	u/r P	nfos	NO_3^-，DOC，CI，Fc（S）
	生活污水直接拍向地面（a）	u/r P-D	niofs	NO_3^-，CI，DOC
	废弃物处置不当引起的渗漏	u/r P	oihs	NO_3^-，NH_4^+，DOC，CI，B，VOC
	燃料储蓄罐泄露	u/r P-D	o	Hc，DOC
	高速公路旁的排水沟渗漏	u/r P-D	iso	CI，VOC
工业区	储罐或管道的渗漏（b）	u P-D	osh	变化较广（Hc，VOC，DOC）
	事故性泄露	u P-D	osh	变化较广（Hc，VOC，DOC）
	废水处理池泄露	u P	oshi	变化较广（VOC，DOC，CI^-）
	废水的地面	u P-L	oshi	变化较广（DOC，CI^-）
	排向入渗河流	u P-L	oshi	变化交广（DOC）
	残碴堆积场的下渗	u/r P	osih	变化交广（DOC，VOC，C^-）
	排水沟的下渗	u/r P	osh	变化交广（DOC，Hc）
	大气降落物	u/r D	sio	SO_4^{2-}

续表

生产地下水污染的活动类型			污染负荷的特征		
			分布类型	污染主要类型	污染指标
农业污染区	土地耕殖	使用农工业化学品	r D	nos	NO_3
		具有灌溉设施	r D	nois	NO_3^-，Cl^-
		使用垃圾/淤泥耕殖	r D	noifs	NO_3^-，Cl^-，Fc（S）
		用污水灌溉			
	家禽喂养污水等	排水氧化塘	r P	fon	DOC，NO_3^-，Cl^-
		排向地面	r P-L	niof	DOC，NO_3，Cl^-
		排入入渗河	r P-L	onf	DOC
采选矿区	污水直接排向地面		u/r P-D	hi	变化较广
	污水/淤泥处理氧化塘下渗		u/r P	hi	变化较广
	残渣堆积场的下渗		u/r P-D	hi	变化较广

表 4.7 地下水监测分析方法

序号	监测项目	分析方法	最低检出浓度（量）	有效数字最多位数	小数点后最多位数（5）	方法依据
1	水温	温度计法	0.1℃	3	1	GB/T 13195－1991
2	色度	铂钴比色法	–	–	–	GB/T 11903－1989
3	嗅和味	嗅气和尝味法	–	–	—	（2）
4	浑浊度	1．分光光度法 2．目视比浊法 3．浊度计法	3 度 1 度 1 度	3 3 3	0 0 0	GB/T 13200－1991 GB/T 13200－1991 （1）
5	pH 值	玻璃电极法	0.1（pH 值） 0.01（pH 值）	1 2	1 2	GB/T 6920－1986
6	溶解性总固体	重量法	4mg/L	3	0	GB/T 11901－1989
7	总矿化度	重量法	4mg/L	3	0	（1）

续表

序号	监测项目	分析方法	最低检出浓度（量）	有效数字最多位数	小数点后最多位数（5）	方法依据
8	全盐量	重量法	10mg/L	3	0	HJ/T 51－1999
9	电导率	电导率仪法	1μS/cm（25℃）	3	0	（1）
10	总硬度	1．EDTA滴定法 2．钙镁换算法 3．流动注射法	5.00mg/L（以 $CaCO_3$ 计） – –	3 – –	2 – –	GB/T 7477－1987 （1） （1）
11	溶解氧	1．碘量法 2．电化学探头法	0.2mg/L –	3 3	1 1	GB/T 7489－1987 GB/T 11913－1989
12	高锰酸盐指数	1．酸性高锰酸钾氧化法 2．碱性高锰酸钾氧化法 3．流动注射连续测定法	0.5mg/L 0.5mg/L 0.5mg/L	3 3 3	1 1 1	GB/T 11892－1989 GB/T 11892－1989 （1）
13	化学需氧量	1．重铬酸盐法 2．库仑法 3．快速COD法（①快速密闭催化消解法；②节能加热法）	5mg/L 2mg/L 2mg/L	3 3 3	0 0 0	GB/T 11914－1989 （1） 需与GB/T 11914—1989方法进行对照 （1）
14	生化需氧量	1．稀释与接种法 2．微生物传感器快速测定法	2mg/L –	3 3	1 1	GB/T 7488－1987 HJ/T 86－2002
15	挥发性酚类	1．4-氨基安替比林萃取光度法 2．蒸馏后溴化容量法	0.002mg/L –	3 –	3 –	GB/T 7490－1987 GB/T 7491－1987
16	石油类	1．红外分光光度法 2．非分散红外光度法	0.01mg/L 0.02mg/L	3 3	2 2	GB/T 16488－1996 GB/T 16488－1996
17	亚硝酸盐氮	1．N–（1–萘基）–二乙胺光度法 2．离子色谱法 3．气相分子吸收法	0.003mg/L 0.05mg/L 5μg/L	3 3 3	3 2 1	GB/T 7493－1987 （1） （1）
18	氨氮	1．纳氏试剂光度法 2．蒸馏和滴定法 3．水杨酸分光光度法 4．电极法 5．气相分子吸收法	0.025mg/L 0.2mg/L 0.01mg/L 0.03mg/L 0.0005mg/L	3 3 3 3 3	3 1 2 2 4	GB/T 7479－1987 GB/T 7478－1987 GB/T 7481－1987 （1）

续表

序号	监测项目	分析方法	最低检出浓度（量）	有效数字最多位数	小数点后最多位数(5)	方法依据
19	硝酸盐氮	1．酚二磺酸分光光度法	0.02mg/L	3	2	GB/T 7480－1987
		2．紫外分光光度法	0.08mg/L	3	2	(1)
		3．离子色谱法	0.04mg/L	3	2	(1)
		4．气相分子吸收法	0.03mg/L	3	2	(1)
		5．离子选择电极流动注射法	0.21mg/L	3	2	(1)
20	凯氏氮	蒸馏–光度法或滴定法	0.2mg/L	3	1	GB/T 11891－1989
21	酸度	1．酸碱指示剂滴定法	–	3	1	(1)
		2．电位滴定法	–	4	2	(1)
22	总碱度	1．酸碱指示剂滴定法	–	4	1	(1)
		2．电位滴定法	–	4	2	(1)
23	氯化物	1．硝酸银滴定法	2mg/L	3	0	GB/T 11896－1989
		2．电位滴定法	3.4mg/L	3	1	(1)
		3．离子色谱法	0.04mg/L	3	2	(1)
		4．离子选择电极流动注射法	0.9mg/L	3	1	(1)
24	游离余氯和总氯	1．N，N-二乙基-1，4-苯二胺滴定法	0.03mg/L	3	2	GB/T 11897－1989
		2．N，N-二乙基-1，4-苯二胺分光光度法	0.05 mg/L	3	2	GB/T 11898－1989
25	硫酸盐	1．重量法	10mg/L	3	0	GB/T 11899－1989
		2．铬酸钡光度法	1mg/L	3	0	(1)
		3．火焰原子吸收法	0.2mg/L	3	1	GB/T 13196－1991
		4．离子色谱法	0.1mg/L	3	1	(1)
26	氟化物	1．离子选择电极法（含流动电极法）	0.05mg/L	3	2	GB/T 7484－1987
		2．氟试剂分光光度法	0.05mg/L	3	2	GB/T 7483－1987
		3．茜素磺酸锆目视比色法	0.05mg/L	3	2	GB/T 7482－1987
		4．离子色谱法	0.02mg/L	3	2	(1)
27	总氰化物	1．异烟酸-吡唑啉酮比色法	0.004mg/L	3	3	GB/T 7486－1987
		2．吡啶-巴比妥酸比色法	0.002mg/L	3	3	GB/T 7486－1987
28	硫化物	1．亚甲基蓝分光光度法	0.005mg/L	3	3	GB/T 16489－1996
		2．直接显色分光光度法	0.004mg/L	3	3	GB/T 17133－1997
		3．间接原子吸收法	0.006mg/L	3	3	(1)
		4．碘量法	0.02mg/L	3	2	(1)

续表

序号	监测项目	分析方法	最低检出浓度（量）	有效数字最多位数	小数点后最多位数（5）	方法依据
29	碘化物	1．催化比色法	1μg/L	3	1	（1）
		2．气相色谱法	1μg/L	3	1	（2）
30	砷	1．硼氢化钾-硝酸银分光光度法	0.0004mg/L	3	4	GB/T 11900－1989
		2．氢化物发生原子吸收法	0.002mg/L	3	3	（1）
		3．二乙基二硫化氨基甲酸银分光光度法	0.007mg/L	3	3	GB/T 7485－1987
		4．等离子发射光谱法	0.1mg/L	3	1	（1）
		5．原子荧光法	0.5μg/L	3	1	（1）
31	铍	1．石墨炉原子吸收法	0.02μg/L	3	2	HJ/T 59－2000
		2．铬天青 R 光度法	0.2μg/L	3	1	HJ/T 58－2000
		3．等离子发射光谱法	0.02μg/L	3	2	（1）
32	镉	1．在线富集流动注射-火焰原子吸收法	2μg/L	3	0	环监测[1995] 079号文
		2．火焰原子吸收法	0.05mg/L（直接法）	3	2	GB/T 7475－1987
			1μg/L（螯合萃取法）	3	0	GB/T 7475－1987
		3．石墨炉原子吸收法	0.10μg/L	3	2	（1）
		4．双硫腙分光光度法	1μg/L	3	0	GB/T 7471－1987
		5．阳极溶出伏安法	0.5μg/L	3	1	（1）
		6．示波极谱法	10^{-6}mol/L	3	1	（1）
		7．等离子发射光谱法	0.006mg/L	3	3	（1）
33	六价铬	二苯碳酰二肼分光光度法	0.004mg/L	3	3	GB/T 7467－1987
34	铜	1．火焰原子吸收法	0.05mg/L（直接法）	3	2	GB/T 7475－1987
			1μg/L（螯合萃取法）	3	0	GB/T 7475－1987
		2．石墨炉原子吸收法	1.0μg/L	3	1	（1）
		3．2，9-二甲基-1，10-菲罗啉分光光度法	0.06 mg/L	3	2	GB/T 7473－1987
		4．二乙氨基二硫代甲酸钠分光光度法	0.01 mg/L	3	2	GB/T 7474－1987
		5．在线富集流动注射-火焰原子吸收法	2μg/L	3	0	（1）
		6．阳极溶出伏安法	0.5μg/L	3	1	（1）
		7．示波极谱法	10^{-6}mol/L	3	1	（1）
		8．等离子发射光谱法	0.02mg/L	3	2	（1）

续表

序号	监测项目	分析方法	最低检出浓度（量）	有效数字最多位数	小数点后最多位数（5）	方法依据
35	汞	1．冷原子吸收法	0.1μg/L	3	1	GB/T 7468－1987
		2．原子荧光法	0.01μg/L	3	2	（1）
		3．双硫腙光度法	2μg/L	3	0	GB/T 7469－1987
36	铁	1．火焰原子吸收法	0.03mg/L	3	2	GB/T 11911－1989
		2．邻菲罗啉分光光度法	0.03mg/L	3	2	（1）
		3．等离子发射光谱法	0.03mg/L	3	2	（1）
37	锰	1．火焰原子吸收法	0.01mg/L	3	2	GB/T 11911－1989
		2．高碘酸钾氧化光度法	0.05mg/L	3	2	GB/T 11906－1989
		3．等离子发射光谱法	0.001mg/L	3	3	（1）
38	镍	1．火焰原子吸收法	0.05mg/L	3	2	GB/T 11912－1989
		2．丁二酮肟分光光度法	0.25mg/L	3	2	GB/T 11910－1989
		3．等离子发射光谱法	0.01mg/L	3	2	（1）
39	铅	1．火焰原子吸收法	0.2mg/L（直接法）	3	1	GB/T 7475－1989
			10μg/L（螯合萃取法）	3	0	GB/T 7475－1989
		2．石墨炉原子吸收法	1.0μg/L	3	1	（1）
		3．在线富集流动注射-火焰原子吸收法	5.0μg/L	3	1	环监[1995]079 号文
		4．双硫腙分光光度法	0.01mg/L	3	2	GB/T 7470－1987
		5．阳极溶出伏安法	0.5mg/L	3	1	（1）
		6．示波极谱法	0.02mg/L	3	2	GB/T 13896－92
		7．等离子发射光谱法	0.05mg/L	3	2	（1）
40	硒	1．原子荧光法	0.5μg/L	3	1	（1）
		2．2，3-二氨基萘荧光法	0.25μg/L	3	2	GB/T 11902－1989
		3．3，3’-二氨基联苯胺分光光度法	2.5μg/L	3	1	（1）
41	锌	1．火焰原子吸收法	0.02mg/L	3	2	GB/T 7475－1987
		2．在线富集流动注射-火焰原子吸收法	2μg/L	3	0	（1）
		3．双硫腙分光光度法	0.005mg/L	3	3	GB/T 7472－1987
		4．阳极溶出伏安法	0.5mg/L	3	1	（1）
		5．示波极谱法	10^{-6}mol/L	3	1	（1）
		6．等离子发射光谱法	0.006mg/L	3	3	（1）

续表

序号	监测项目	分析方法	最低检出浓度（量）	有效数字最多位数	小数点后最多位数（5）	方法依据
42	钾	1．火焰原子吸收法 2．等离子发射光谱法	0.03mg/L 0.5mg/L	3 3	2 1	GB/T 11904－1989 （1）
43	钠	1．火焰原子吸收法 2．等离子发射光谱法	0.010mg/L 0.2mg/L	3 3	3 1	GB/T 11904－1989 （1）
44	钙	1．火焰原子吸收法 2．EDTA 络合滴定法 3．等离子发射光谱法	0.02mg/L 1.00mg/L 0.01mg/L	3 3 3	2 2 2	GB/T 11905－1989 GB/T 7476－1987 （1）
45	镁	1．火焰原子吸收法 2．EDTA 络合滴定法 3．等离子发射光谱法	0.002mg/L 1.00mg/L 0.002mg/L	3 3 3	3 2 3	GB/T 11905－1989 GB/T 7477－1987（Ca、Mg 总量） （1）
46	挥发性卤代烃	1．气相色谱法 2．吹脱捕集气相色谱法 3．GC/MS 法	0.01～0.10μg/L 0.009～0.08μg/L 0.03～0.3μg/L	3 3 3	2 3 2	GB/T 17130－1997 （1） （1）
47	苯系物	1．气相色谱法 2．吹脱捕集气相色谱法 3．GC/MS 法	0.005mg/L 0.002～0.003μg/L 0.01～0.02μg/L	3 3 3	3 3 2	GB/T 11890－1989 （1） （1）
48	甲醛	1．乙酰丙酮分光光度法 2．变色酸分光光度法	0.05mg/L 0.1mg/L	3 3	2 1	GB/T 13197－1991 （1）
49	有机磷农药	1. 气相色谱法（乐果、对硫磷、甲基对硫磷、马拉硫磷、敌敌畏、敌百虫） 2．气相色谱法（速灭磷、甲拌磷、二嗪农、异稻瘟净、甲基对硫磷、杀螟硫磷、溴硫磷、水胺硫磷、稻丰散、杀扑磷）	0.05～0.5μg/L 0.2～5.8μg/L	3 3	2 1	GB/T 13192－1991 GB/T 14552－93
50	有机氯农药（六六六、滴滴涕）	1．气相色谱法 2．GC/MS 法	4～200ng/L 0.5～1.6mg/L	3 3	0 1	GB/T 7492－1987 （1）
51	阴离子表面活性剂	1．电位滴定法 2．亚甲蓝分光光度法	5mg/L 0.05mg/L	4 3	0 2	GB/T 13199－1991 GB/T 7494－1987

续表

序号	监测项目	分析方法	最低检出浓度（量）	有效数字最多位数	小数点后最多位数(5)	方法依据
52	粪大肠菌群	1．多管发酵法 2．滤膜法	–	–	–	(1) (1)
53	细菌总数	培养法	–	–	–	(1)
54	总α放射性	1．有效厚度法 2．比较测量法 3．标准曲线法	1.6×10^{-2}Bq/L	3 3 3	1 1 1	(2) (2) (2)
55	总β放射性	比较测量法	2.8×10^{-2}Bq/L	3	1	(2)

注：(1) 国家环保局：《水和废水监测分析方法》(第四版)，中国环境科学出版社，2002年。

(2) 中华人民共和国卫生部：《生活饮用水卫生规范》，2001年。

(3) 美国公共卫生协会：《水和废水监测分析方法》(第三版)，中国环境科学出版社，1989年。

(4) 我国尚没有标准方法或国内标准方法达不到检出限要求的一些监测项目，可采用ISO、美国EPA或日本JIS相应的标准方法，但在测定实际水样之前，要进行适用性检验，检验内容包括：检出限、最低检出浓度、精密度、加标回收率等，并在报告数据时作为附件同时上报。考虑检测技术的进步，如溶解氧、化学需氧量、高锰酸盐指数等能实现连续自动监测的项目，可使用连续自动监测法，但使用前须进行适用性检验。

(5) 小数点后最多位数是根据最低检出浓度（量）的单位选定的，如单位改变，其相应的小数点后最多位数也随之改变。

4.4 地下水水温监测方法和仪器

4.4.1 地下水水温监测要求

规范要求水温的观测允许误差为±0.2℃，同时观测的气温的允许误差也是±0.2℃。

4.4.2 地下水水温的监测方法和仪器

人工测量地下水温时应用各种数字式温度计测温，流出地面后可以用一般温度计测水温。自动测量水温的传感器一般和其他传感器安装在一起，构成水位、水温测量传感器，多参数水质传感器等。单独自动测量水温的仪器使用半导体、铂电阻等传感器。这些仪器都能达到测温的准确性要求。

4.4.3 国内外地下水水温监测仪器的比较

国内外各种测温仪器的性能差别不大。但国外的地下水水位、地下水水质自动监测仪器都带有水温测量传感器，而国内还极少有这类产品。

4.4.4 地下水水温监测仪器的应用

水文系统基本用人工方法测量地下水温。一种方法是在地下水抽出地面后进行测量，另一方法是用数字式温度计直接放入地下水测井中测量。

4.5 地下水出水量监测

地下水以泉水方式自动流出地面，或用水泵抽出地面。以泉水形式流出地面时，出水量的测量和渠道流量测量方式相同；以水泵抽出地面时可以以管道流量的方式进行测量。这两类流量测量的方法和使用的仪器都有规范规定，也比较成熟。

4.5.1 泉水出流流量测量

泉水流量一般不会很大，其泥沙含量也不大。针对这些特点，可以优先考虑使用量水建筑物法、流速仪法。应用量水建筑物法测量流量时，只测水位，可以方便地做到自动测量。应用各种自动水位计测量上游水位时，水位准确度要求高，水位测量误差要达到±3mm。水量和流速很小时，可以使用小浮标测速的方法；水量很大时，可以使用其他河流流量测验仪器。

4.5.2 水泵抽水量流量测量

在管道内可以使用各种管道流量计，如水表、电磁管道流量计、声学（超声波）管道流量计等。一般地下水中泥沙很少，适合使用水表来计测水量，水表价廉、可靠。电子水表可以用于自动化系统，应优先考虑。但很多地下水的泥沙含量并不小，会很快损坏水表，其他管道流量计又较贵，所以还普遍应用电功率法由水泵耗电量得到水量。水泵出水流入渠道后可以使用明渠流量测验方法测量流量。

4.5.3 地下水出水量监测仪器的应用

水文系统承担地下水出水量测验工作的站点不多。对于泉流量，多数用流速仪面积法人工测量。也使用堰槽法测量，主要使用测流堰，人工测量水位，很少应用水位自动测量仪器测量。对于水泵抽水管道流量，常使用水表直接测量和用水力机械法、电功率法推算，由于测点数量非常多，适用的方法仪器需要具有价廉、耐用、较准确、便于使用的性能。上述方法和现有产品还不能满足要求。

4.6 地下水流速流向的监测调查方法

测量地下水流速流向有多种方法。有些测量结果属于定性范畴。测量结果多数用于调查性的监测，很少有用于长期监测的。

地下水流速流向的监测调查方法按应用方法分类主要有：抽水试验法、示踪法、电位差法。抽水试验法是传统方法，在多井地区可以应用；示踪法可以在单井中应用，同位素示踪法有专门仪器；电位差法是测量地电场/电位的水文物探方法。

用测量地电位的方法可以判别一地块的地下水流速流向，多用于专门调查。

4.7 地下水监测资料的收集、记录和传输

4.7.1 地下水监测资料的收集与记录

目前，大量地下水监测参数由人工观测、记录和收集。

一般传统仪器用记录纸划线记录，先进的产品都是固态存储记录。这些记录方式和地表水参数记录仪器基本一致。不同的是地下水固态存储记录和测量探头是一体化的。一体化的密封仪器悬吊安装在井下，可长期工作。

4.7.2 地下水监测资料的遥测传输（数传仪）

1. 现状概况

国内水文系统已开始应用地下水信息的遥测传输设备，目前建设的自动收集系统、应用的仪器设备和水文自动测报系统基本一致。一些系统是参照水文自动测报系统的规定建设的，所用的设备仪器通用于水文自动测报系统。

其他部门，如地质调查局、地震局应用的数传仪已不同程度考虑了地下水测量的需要。

水文系统、地质调查局、地震局、一些公司也都在继续开发应用于地下水数据收集的数传设备。

2. 地下水数传仪技术特点

地下水自动测报系统和水文（地表水）自动测报系统有很多相同的技术特性，但是，地下水自动测报系统也有自己的技术特点，具体如下：

（1）地下水的测次有规律，以定时观测为主要方式。

（2）由于地下水参数变化较慢，一般观测时，可以将较多的定时监测数据一次性发送给中心，如每天将前一天的多个定时监测数据一起上传，但用于专门观

测的地下水测井，如地震、抽水试验等，其测量频度可能非常高。

（3）参数稳定，以水位、水温及水质为主。

（4）基本采用标准化接口。

（5）基本都有在站数据存储。

（6）应用环境特殊，尤其是地下水测井内。

（7）设备有小型化要求。

（8）防护和环境适应性和地表水监测要求不同。

（9）低功耗要求更高，有的站要求只用电池供电。

3. 典型数传仪产品

（1）NSY.DA-2 型数传仪（国产）技术指标见表 4.8。

表 4.8　NSY.DA-2 型数传仪（国产）技术指标

技术指标	参数
可接水位计类型	浮子式（格雷码输出）、压力式、超声波、雷达等水位计，4～20mA 输入
等待电流	小于 5μA
固态存储功能	能存 1a 的数据
通信方式	GPRS 或 SMS 短信
主要工作方式	定时发送数据，可设 5min 至 24h 间隔，可以定时发送短期内存数据，数据均有时标
内置电池	发射数据 2000 次以上，电池充电后可继续使用
外部电源	可使用外接电源，电压 6V
安装环境	铸铝外壳密封，可安装在野外与地下水测井口
环境温度	-40～60℃

（2）国外典型产品技术指标见表 4.9。

表4.9 国外典型产品技术指标

技术指标	参数
内置电池	内置锂电池，寿命1～5a
接口	可选RS-232/RS-485接口
工作方式	大容量数据存储，定时采集、上报历史数据
通信方式	短消息和GPRS
GPRS	GPRS传输支持远程维护
数据采集、上报间隔	1min ≤数据采集间隔≤31d，1min ≤数据上报间隔≤31d
环境温度	-20～70℃
发射频率	2节1号锂电池发射1000次
安装环境	体积小，可安装在野外与地下水测井口

4.7.3 国内外地下水监测资料的记录和传输仪器比较

1. 记录仪器

国外大量应用固态存储记录方式记录地下水数据，国内目前还很少使用。国外的记录仪器比较可靠，其高度集成、小型化、低功耗的性能使得记录部分和传感器可以成为小型一体化的整体，适用于地下水监测。国内外地下水记录仪器的功能差距不大，但可靠性差距大。

2. 数据传输系统

国内的水文自动测报系统已较成熟，所用仪器设备的功能、可靠性较好。多年的建设已使国内人员积累了丰富的建设经验，有能力建设地下水自动化系统。不过，地下水和地表水还是所不同的，国内的水文通用遥测设备不能满足地下水的需要。

在与国外产品比较和考虑实际需要后，应注意以下问题：

（1）在站数据固态存储。

国外产品都是一体化的，数据存储部分基本包含在传感器内。国内产品可能都包含在传输设备内，存储可靠性差别大。

（2）传输设备的型式。

国外产品都是小型化的，可以装在测井口上，防护性能较好，也便于建设、维护，并可以有多种安装方式。

国内水文系统用的产品基本都是地表水用的遥测设备，小型化程度较差，要建站房或仪器箱。国内也开始出现可以安装在测井管上端的遥测设备。

（3）电源。

国外产品基本上都可以只依靠电池供电工作，一般工作状况下，工作时间都不低于 2 a。当然也可以用太阳能电池或交流电充电方式由蓄电池供电。国内产品的大部分是以太阳能电池浮充蓄电池的供电方式为主，功耗偏高，只依靠电池供电工作的产品很少。

（4）数据采集传输工作方式。

定时采集地下水数据已能满足需要，传输也以定时自报为主。除极少数站外，水文系统可以不需要事件性自报，也不需要召测功能。为节约经费，可以将定时监测的较多数据一次性（如 1 天发 1 次）上传。

通用于地表水的国内产品具有较多功能，用于地下水时，选用其部分功能。但需要更改设计以满足一些特殊要求。一些专门为地下水监测而设计的国外、国内产品，对这些情况都对应作了处理。

4.7.4 地下水数据传输存储设备的应用

水文行业只有少量试验性地下水数据自动采集传输站点，用于地下水位、水温数据采集，一般使用浮子式编码水位计或压力式地下水位计。通信方式基本是 GPRS 和 SMS，基本没有应用 PSTN、超短波和卫星通信。数据存储在终端机内，或存储在进口的传感器内。这些系统带有试验性，基本能正常运行。但数据存储和传输的可靠性差别较大。水文行业应用的终端机基本上是水文自动测报系统使用设备的改进型，专门应用于地下水的终端机还不多。

国外发达国家有较多的专门用于地下水数据传输、记录的终端机产品。典型的地下水水位、水质自动监测系统主要性能如下：

（1）测量参数：地下水位、地下水温。水质参数：溶解氧、电导率、pH 值、浑浊度、氧化还原电位（ORP）、氨氮、硝酸盐等参数。

（2）应用的传感器：压力式地下水位计（同时测量水温）、多参数地下水水质测定仪（电极法）。

（3）工作方式：定时自报式；短期数据存储后集中发送，可以具有应答功能。

（4）数据存储：传感器内自动存储。

（5）通信方式：GPRS。

（6）供电：蓄电池供电、太阳能电池浮充；内置电池供电，不需浮充。

4.8 地下水监测井布设

4.8.1 地下水监测井布设原则

（1）以地下水类型区和开采强度分区为基础，并根据监测目的和精度要求合理布设各类监测井。

（2）以平原区和浅层地下水监测为重点，在平面上点、线、面相结合布设各类监测井，垂向上分层布设各类监测点。

（3）以特殊类型区地下水监测为重点，兼顾基本类型区地下水监测。

（4）与地下水功能区管理相结合，重点监测地下水开采层或供水层。

（5）与地下水水文监测井相结合，并优先选用符合监测条件的民井或生产井。

（6）监测井密度在主要供水区密，一般地区稀，污染严重区密，非污染区稀。

4.8.2 布设地下水监测井地区

（1）以地下水为主要供水水源的地区。

（2）饮水型地方病（如高氟病）高发地区。

（3）污水灌溉区、垃圾填埋处理地区、地下水回灌区、大型矿山排水区及大型水利工程或工业建设项目区等。

（4）超采区、次生盐渍和污染严重区。

（5）不同水文地质单元区。

（6）地下水功能区。

4.8.3 布井前资料收集

（1）区域地下水类型、自然水文地质单元特征、地下水补给条件、地下水流向及开发利用情况。

（2）城镇及工农业生产区分布、污染源及污水排放特征、土地利用与水利工程状况等。

（3）监测井相关参数，如井位、钻井日期、井深、成井方法、含水层位置、抽水试验数据、钻探单位、使用价值、水质资料等。

（4）自流泉水有关情况，如出露位置、成因类型、补给来源、流量、水温、水质和利用情况等。

4.8.4 地下水对照监测井布设要求

（1）根据区域水文地质单元状况，在地下水补给来源垂直于地下水流的上游方向应设置一个至数个对照监测井。

（2）水文地质单元跨行政区界时，在地下水流入行政区界处应设置一个对照监测井。

（3）地下水水文地质单元或行政区界内有多处补给来源时，应分别设置数个对照监测井；控制水量不得少于地下水补给来源水量的80%。

4.8.5 地下水控制监测井布设要求

（1）根据地下水流向、流程以及主要含水层纵向和垂向分布状况与范围，在纵向和垂向应分别布设数个控制监测井和垂向采样点。

（2）在供水水源地保护区范围内控制监测井布设数量，应能控制地下水水量和主要污染物来源的80%。

（3）对于点状污染源，如工业或生活排污口、垃圾堆放点等形成的点状污染扩散，应沿地下水流向，自排泄点由密而疏，呈圆形或扇形放射线式布设若干控制监测井。

（4）对于线污染源，如废污水沟渠、污染河流等形成的条带状污染扩散，应以平行及垂直于地下水的流向（呈放射线式）分别布设若干控制监测井；污染物浓度高的渗透性强的地区应适当增设控制监测井。

（5）对于面污染源，如农药施肥、污水灌溉等形成的面状污染扩散，可呈均匀网状布设若干控制监测井。

（6）综合考虑地下含水层透水性和地下水流速，适当调整控制监测井纵向和垂向之间的距离；必要时，可适当扩大监测范围。

4.8.6 缺乏资料时的监测井布设

在缺乏基本资料或开展地下水资源质量普查工作时，可采用正方形、正六边形、四边形等网格法或放射法均匀布设监测井。网格大小应依监测与调查目的、范围、精度要求以及区域内地下水水文地质单元分布状况而定。

4.8.7 地下水功能区监测井布设要求

（1）布设前收集地下水功能区水文地质条件、生态、环境保护等信息。

（2）根据检测区域水文地质单元状况，在地下水一级功能区内分别布设一个至数个对照监测井和控制监测井。

（3）地下水功能区监测井布设具体方法同 4.8.5 地下水控制监测井布设要求 4～6 条。

4.8.8 地下水监测井布设密度

地下水监测井布设密度应根据水文地质条件、地下水类型、开采强度及污染状况等合理选定。以地下水为主要供水水源的地区，监测井布设密度不得低于表 4.10 中的最低限要求。

表 4.10 地下水监测井布设密度 单位：眼/10^3km^3

基本类型区名称		开采强度分区			
		超采区	强开采区	中等开采区	弱开采区
平原区	冲积平原区	8～14	6～12	4～10	2～6
	内陆盆地平原区	10～16	8～14	6～12	4～8
	山间平原区	12～16	10～14	8～12	6～10
	黄土台塬区	参照冲积平原区弱开采区监测井布设密度布设			
	荒漠区				
山丘区	一般基岩山丘区				
	岩溶山区				
	黄土丘陵区				

（1）地下水水质监测井布设密度宜控制在同一地下水类型区内水位基本监测井布设密度的 10%左右。地下水成分较复杂的区域或地下水受污染的区域应适

当加密。

（2）平原地区应充分考虑本地区水文分区、流域面积、河渠网密度、机井密度、产汇流立体特点等，以面上的分布均匀及综合代表性强为原则，确定地下监测井布设密度。

4.8.9 地下水二级水功能区水质监测井布设密度规定

（1）功能区内控制监测井布设不得少于一个。

（2）特大型（日允许开采量≥15 万 m^3）集中式地下水供水水源区，监测井布设数量应不小于区内开采井数的 1/2。

（3）大型（5 万 m^3≤日允许开采量<15 万 m^3）集中式地下水供水水源区，监测井布设数量应不小于区内开采井数的 1/3。

（4）中型（1 万 m^3≤日允许开采量<5 万 m^3）和小型（日允许开采量<1 万 m^3）集中式地下水供水水源区，监测井布设数量应不小于区内开采井数的 1/4。

（5）其他地下水二级水功能区监测井布设密度应不小于 1 个/100km^3。

4.9 地下水样品采集

4.9.1 采样时间与频次

（1）国家重点水质监测井应每月采集 1 次，全年 12 次；背景值监测井不得少于每年枯水期采样 1 次。

（2）国家一般水质监测井应在采样月采样，不得少于丰、平、枯水期各采样一次。

（3）地下水污染严重区域的监测井，应在每月采集一次，全年不得少于 12 次。

（4）以地下水作为主要生活饮用水水源的地区，日供水量不小于 1 万 m^3 的监测井应在每月采样 1 次，全年不少于 12 次；日供水量小于 1 万 m^3 的监测井，应在采样月采样 1 次，不得少于丰、平、枯水期各采样 1 次。

（5）国家基本监测井的采样时间统一规定在采样月的 20 日前完成。同一水文地质单元的监测井采样时间应基本保持一致。

（6）专用监测井采样时间与频次按监测目的与要求确定。

（7）遇到特殊情况（水质发生异常变化）或发生污染事故，可能影响地下水供水安全时，应增加采样频次。

4.9.2 地下水功能区采样时间与频次

（1）特大型、大型集中式供水水源区和省级行政区的监测井，应在每月采样 1 次，全年 12 次。

（2）中型集中式供水水源区、分散式开发利用区应在每季度的采样月采样 1 次，全年 4 次。

（3）其他地下水二级功能区应在丰、平、枯水期的采样月各采样一次。偏远地区每年汛期和非汛期至少各采样 1 次。

（4）地下水功能区水质良好且稳定的，可适当降低采样频次，但不得少于汛期和非汛期各采样 1 次；水污染严重或用水矛盾突出、有纠纷的，应适当增加采样频次。

4.9.3 采样器与样品容器

（1）地下水水质采样器分为自动式与人工式，自动式用电动泵进行采样，人工式分为活塞式与隔膜式，可按当地实际情况和检测要求合理选用。

（2）采样器在监测井中应能准确定位，并能取到足够量的代表性水样。

（3）样品容器的要求同本标准地下水监测相关条款规定。

4.9.4 采样方法与注意事项

（1）利用水位测量井采样时，应先量测地下水位，然后再采集水样。

（2）采样时采样器放下与提升时动作要轻，应避免搅动井水和井壁及底部沉积物，以避免影响水样真实性。

（3）采集分层水样时，应按含水层分布状况采样；或在地下水水面 0.5m 以下、中层和底部 0.5m 以上采样，并同时记录采样深度。

（4）用机井泵采样时，应待抽水管道中停滞的水排净、新水更替后再采样。

（5）自流地下水应在水流流出处或水流汇集处采样。

（6）除特殊监测项目外，应用监测井水荡洗采样器和水样容器 2～3 次；挥发性或半挥发性有机污染物项目，采样时水样注满容器，上部不留空隙；石油类、重金属、细菌类、放射性等特殊监测项目的水样分别单独采样。

（7）水样采集量应满足监测项目与分析方法所需量及备用量要求。

（8）水样采入或装入容器后，应盖紧、密封容器瓶，贴好标签；需加入保存剂的水样，应立即加保存剂并密封。

（9）采集水样后应按要求现场填写采样记录；字迹应端正、清晰，将各栏内容填写齐全。

（10）核对采样计划、采样记录与水样，如有错误或漏采，应立即重采或补采。

4.9.5 采样质量保证与质量控制

（1）采样人员应经岗前培训，切实掌握地下水采样技术，熟知采样器具的使用和样品固定、保存、运输条件等，持证上岗。

（2）每次检验工作结束后，样品容器应及时清洗。

（3）地下水水样容器和其他污水样品容器应分类存放，不得混用。

（4）尽量缩短采样与分析的时间间隔，需在现场监测的项目应在水样采集后立即测定；不能及时检验的项目应加入保存剂或在低温下保存。

（5）水位、水温、pH 值、电导率、浑浊度、色、嗅和味应在采样现场观测和测定。

（6）现场使用的监测仪器应经检定或校准合格，并在使用前进行仪器校正。

（7）每批水样，应选择部分项目加采现场平行样、制备现场空白样，与样品一同送实验室分析。

4.9.6 样品保存

（1）样品中易发生物理或化学变化的监测项目，应根据待测物的性质选择适宜的样品保存方法。

（2）不需或不能采用向样品中加入保存剂的监测项目，应采用低温保存、现场测定、预处理（如萃取）或控制从采样到测定的时间间隔等方法，并在保存期内测定完毕。

（3）地下水样品保存方法应符合本标准地表水监测相关技术要求。

交接完样品并签字确认后，实验室质量控制人员应制备室内质量控制样品，并对样品进行编码和标记。

4.10 本章小结

本章主要研究和论述了地下水水情信息监测技术。首先研究了地下水水资源专题业务数据，重点研究了地下水水位监测和地下水的水质、污染及监测项目。然后探讨了地下水水温监测方法和仪器、地下水出水量监测；介绍了地下水监测资料的收集、记录和传输，地下水监测井布设，地下水样品采集。本章还介绍了主要的地下水监测产品的厂家及其技术参数，供读者在实际应用中参考。

第5章　水质检测

5.1　水质检测的国内外现状

水质（Water Quality）是水体质量的简称，它标志着水体的物理（如色度、浊度、嗅味等）、化学（无机物和有机物的含量）和生物（细菌、微生物、浮游生物、底栖生物）的特性及其组成的状况。水质检测主要监测水中的各种物质指标，再通过制定的标准进行判断并得出相应的结果。

现在水质检测的目的大多是检测水中的污染物，主要通过水中污染物的变化趋势进行检验和测量，对水环境进行评价，从而得到水环境的基础资料和数据，反映水环境的状况，为水环境的管理提供依据。在水质监测工作中，饮用水的水质标准有物理、化学、微生物指标等，而工业用水的检测则考虑产品质量、管道损害等问题，根据不同的用途，水质标准也不同。随着社会的不断发展，水质检测的项目内容也逐渐开始扩充，对未被污染的天然水资源也进行检测。水质检测的项目主要有两大类：

（1）水资源综合情况的评定。

（2）水资源有毒物质的综合评价。

为确保水质检测的准确性、有效性，还需要对水流速以及水流量进行检测。本文所说的“水质监测”等同于“水质检测”，后面不再区分两者异同。

5.1.1　水质检测国外现状

国外一些发达国家水质检测技术起步较早。20 世纪 60 年代，美国研制了最早的水质光电分析仪，用于检测磷酸盐、铝、铁等参数；20 世纪 70 年代，美国、日本出现了以分光光度计为核心的水质检测仪器，能够在野外现场检测多种常规参数；20 世纪 80 年代以来，美国、日本、英国等国的一些企业推出了一批产品化的水质分析仪器，如英国威尔金森与汤普森公司的 Palintest 光度计 5000、日本株式会社的流动实验室、美国哈希的 OneTMPH 计等。近年来，计算机技术、传感技术、网络技术的发展使得水质检测仪器越加成熟，越来越多的仪器厂商和科研机构纷纷研制出了具有先进水平的水质检测设备。

目前，国外生产水质检测仪器的著名企业有：美国的 HACH、GLI、YSI、ORION 等公司，法国的 Polymerton 公司，德国的 Lovibond、E+H、STIP、MERCK、GIMAT、WTW 公司，瑞士的 Zullig 公司，英国的 Palintest，日本的衡河公司和东亚电波公司以及意大利的 HANNA 公司等。其中市场份额较大的主要有美国的 HACH 公司，德国的 Lovibond 公司以及意大利的 HANNA 公司等。

5.1.2 水质检测国内现状

国内水质检测技术起步相对较晚，经过上世纪 90 年代的探索，我国研制出了早期的水质分析仪，但是，由于仪器在精度、稳定性方面与进口仪器差距较大，所使用的仪器也是以实验室分析仪器为主，取样率低、操作繁琐、工作量大。2003 年的统计数据表明，我国所使用的水质分析仪中有 73%由国外进口。近年来，仪器仪表行业的蓬勃发展、政府对污水处理的重视以及国内水污染加剧的驱使等因素，使得国内水质检测仪器有了比较大的发展。

现在，国内从事水质检测仪的研发与生产的主要公司有上海雷磁仪器厂、河北先河环保有限公司、江苏德林环保仪器有限公司、北京东方德北科研发中心、兰州炼化环保科技有限公司、广州怡文环境科技公司、北京东西分析公司、杭州聚光科技公司等。在国产水质检测仪中，市场份额最大的当属雷磁仪器厂。

5.1.3 水质监测实施阶段普遍面临的问题

（1）在统筹管理方面，普遍不够科学。

水质环境监测具体实施环节普遍面临分工不明确问题。而对于上述问题，普遍容易引起各部门矛盾，难以真正实现彼此协同合作。除此之外，对于监测线路来说，普遍存在较为复杂的问题，线路混乱不堪。行政管理具体实施阶段，对于网络管理来说，管理运作难以顺利落实。水质环境监测具体实施阶段容易导致条块管理等诸多方面的问题。对于各个不同区域而言，难以真正实现科学数据监测，经常出现差异。

（2）关于有机污染监测，难以做到与无机污染协调。

在有机物的贡献下，我国工业得到快速发展。然而，中小河流监测具体实施阶段，基于监测项目来说，无机污染仍然占据主导。长期下去，从水质环境监测方面来说，难以真正获取准确数据，水域污染程度究竟如何，难以得到全面测算。从监控效果方面来说，难以充分实现。

（3）在硬软件配备方面，难以充分符合环境监测需求。

现阶段，从地方水环境角度考虑，需要不断加强日常环境监测。然而，从环境监测站角度而言，人员素质面临参差不齐的现象。除此之外，对于监测站来说，人员流动性大是其中一大特点，因而普遍存在人才匮乏的现象，专业性人才不足。同时普遍存在设备较为老旧的问题。然而，在环境监测质量方面，普遍具有更高层次的实际要求。

（4）在分析方法方面，难以实现科学有效。

对于水质环境监测，普遍缺乏有效的分析方法。基于此，关于水质环境监测，技术仍然比较落后。对于分析方法来说，难以做到各个区域全部适用，因而适用性低的问题普遍存在。在水质监测具体实施阶段，难以满足实际要求。

5.2 水质监测的意义

5.2.1 制定水环境保护标准

水质检测可以有效地监测水污染问题，通过检测数据及时控制、处理水污染，能够有效地控制水环境污染，达到保护水环境的目的。同时水质监测对企业污水排放问题有一定的监督功能，有利于我国《环境保护法》的实施。对水质进行实时的监测，发现污染源可以及时进行处理，减少水源污染，水质检测主要还是保障人体健康，维护生态环境，利用检测数据确保水环境保护决策的科学性、水环境标准制定的客观性。

5.2.2 为水环境保护提供基础

水环境的评价以水质监测为基础，通过检测水质的方式，监督评价水环境。水质监测之所以是水环境评价的基础，是因为在水环境评价时，首先要对污染源、环境影响、生态因素进行分析，而这些问题的分析必须要有水质监测的数据，因此，水质检测的数据为水环境的评价提供数据基础，促进水环境评价工作的准确性。水环境评价的数据来源于水质监测，在企业建成后出现的污染问题、生态问题可以依据水质监测数据来阐述，因此水质检测也具有监督作用。

5.3 水质分析指标

水质分析包括物理指标和化学指标两部分。水质分析也可分为全分析和简分析，一般情况下仅做简易分析项目。

1. 全分析项目

（1）水的物理性质：水温、气味、混浊度、色度。

（2）pH 值。

（3）溶解气体：游离二氧化碳——CO_2、侵蚀性二氧化碳——CO_2、硫化氢——H_2S、溶解氧——O_2。

（4）耗氧量。

（5）生物原生质：亚硝酸根——NO_2^-、硝酸根——NO_3^-、磷——P、铁离子（高铁——Fe^{3+}及亚铁——Fe^{2+}）、氨离子——NH^{4+}、硅——Si。

（6）总碱度、总硬度及主要离子：碳酸根——CO_3^{2-}、重碳酸根——HCO_3^-、钙离子——Ca^{2+}、镁离子——Mg^{2+}、氯离子——Cl^-、硫酸根——SO_4^{2-}、钾和钠离子——K^++Na^+。

（7）矿化度。

2. 简易分析项目

（1）色度、水温、气味、混浊度、pH 值、游离二氧化碳、矿化度、总碱度、硫酸根、重碳酸根及钙、镁、钠、钾、氯等离子。

（2）其他还有相关的水质监测指标，如 2002 年，我国颁布了相关的《地表水环境质量标准》（GB 3838－2002）、《饮用净水水质标准》（CJ 94－1999）、《生活饮用水卫生标准》（GB 5749－2006），以及 2015 年 8 月 19 日，中华人民共和国国土资源部网站上公示的《地下水水质标准》（GB/T 14848－93）、《地下水分类指标表》《水环境监测规范》（SL 219－2013）。该标准作为强制性标准，也是开展和实施地表水水质监测工作的重要技术性依据。

在《地表水环境质量标准》中，依据地表水水域环境功能和保护目标，将地表水按功能高低依次划分为 5 类，详细请查看 3.5.3 节。水质的检测方法在这里分为地下水和地表水水质的检测，下面将从采样到水质指标的分析进行逐一讲解。

5.4 水质采样要求及监测项目表

5.4.1 水质采样井布设原则、方法和要求简介

我国地下水的主要监测要素是地下水水位、水温、水质和出水量。由于特殊需要，还有可能监测地下水流向和流速。地表水的检测项目要分为河流、饮用水源、湖泊、水库等来分开检测。它们需要侧重的检测项目稍微有点差异，一般必测的项目有：水温、pH、悬浮物、总硬度、电导率、溶解氧、高锰酸钾指数等。关于水质的采样布设原则、方法及要求，在《水环境监测规范》（SL 219－2013）中规定了水质监测项目，参数与地表水接近，其分析方法按地表水规定执行。相关资料请查阅《水环境监测规范》（SL 219－2013），这里就不再重述。

5.4.2 地下水水质监测的方法和设备

地下水水质监测方法可以分为自动监测和人工采样分析两种方法。自动监测又可分为电极法水质自动测量和抽水采样自动分析方法。地下水质自动监测基本上都采用电极法水质自动测量。

人工测量时一般都只在现场采集水样，带回实验室分析。也可以用便携式自动测量仪在现场进行人工自动测量和采样现场分析。地下水采样最好使用地下水采样泵和采样器，型式较多。一些采样器是工业上用的，也可用于一般的地下水采样。

地下水采样设备分为采样泵和采样器，根据设备设计结构和采样原理，大致可分为取样筒式采样器、惯性式采样器、气体驱动式采样器和潜水电泵式采样器。功能都是采取地下水，表 5.1 为一些厂家的采样器及其指标。因地表水的水质采样比地下水方便，在这里地表水采样就不再赘述。

表 5.1 地下水采样仪器介绍

厂家	型号	仪器主要参数
德润环保	Bailer 采样器	1．手动采集地下水样品 2．直径：4cm 3．长度：92cm 4．容量：1L 5．材质：PVC/PE/Teflon 6．阀数：单阀或多阀，底部配重
	惯性采样泵	1．最大取样深度：人工动力 30m，机械动力 100m 2．采样速度：5～200L/min 3．泵头直径：8～30mm
北京中西远大科技有限公司	型号：HB68/HB-D18	1．高压手打气筒 1 只 2．不锈钢卷轴 1 件（含压力表 1 只） 3．LDPE 管 1 卷（150m、带标记刻度） 4．采样器 1 只（容量：1.8L） 5．手推车 1 辆
青岛宜兰环保工程有限公司	8000D 水质采样器 EL-8000D	1．通信信号接口：RS232 信号、RS485 信号、4～20mA 信号、开关量信号 2．显示方式：240×128 LCD 中文液晶显示器 3．采样速度：每分钟 300～1200ml，可调 4．采样间隔：1～9999min，可调 5．采样量：5～9999ml，可调 6．采样量误差：≤±5% 7．等比例采样误差：≤±10% 8．垂直吸程：≤8m 9．水平吸程：≤50m 10．液体传感器：穿透折射方式液体传感器 11．样品瓶容量：＜1000ml 12．样品瓶个数：12 瓶 13．分瓶方式：单瓶单样、单瓶多样、多瓶单样 14．内部时钟：实时时钟，月累积误差小于 10s 15．采样失败重试次数：3 次 16．采样管路预淋洗次数：0～3 次，可设 17．制冷方式：压缩机制冷 18．样品室温度设置：-20～20℃，可设 19．供电电源：AC 220V、内置 DC+12V 锂电池（供采样系统） 20．车载电源接口：12V、45W（供恒温冷藏系统） 21．整机重量：约 15kg 22．外形尺寸：570mm×360mm×500mm

续表

厂家	型号	仪器主要参数
北京众和科技有限公司	DC-01 型地下水采样器	1．取样绳长：30m 标配（可根据需求另配） 2．取样桶：53mm×395mm（直径×高） 3．采样量：500ml 4．高背底座：不锈钢，材质 304，耐腐蚀和氧化 5．采样方式：手摇半自动采样 6．工作环境温度：-5～50℃，可全天候工作 7．外形尺寸：DC-01（180mm×100mm×560mm）（长×宽×高） 8．重量：3kg

5.5 水质检测项目及仪器

5.5.1 地表水及地下水监测项目列表

地表水及地下水测试项目见表 5.2 和表 5.3。

表 5.2 地表水水质监测项目

类别	必测项目	选测项目
河流	水温、pH 值、溶解氧、高锰酸盐指数、化学需氧量、五日生化需氧量、氨氮、总磷、总氮、铜、锌、氟化物、硒、砷、汞、镉、六价铬、铅、氰化物、挥发酚、石油类、阴离子表面活性剂、硫化物、粪大肠菌群	矿化物、总硬度、电导率、悬浮物、硝酸盐氮、硫酸盐、氯化物、碳酸盐、重碳酸盐、总有机碳、钾、钠、钙、镁、铁、锰、镍。其他项目可根据水功能区和入河排污口管理需要确定
饮用水源地	水温、pH 值、溶解氧、高锰酸盐指数、化学需氧量、五日生化需氧量、氨氮、总磷、总氮、铜、锌、氟化物、硒、砷、汞、镉、六价铬、铅、氰化物、挥发酚、石油类、阴离子表面活性剂、硫化物、粪大肠菌群、氯化物、硫酸盐、硝酸盐氮、总硬度、电导率、铁、锰、铝	三氯甲烷、四氯化碳、三溴甲烷、二氯甲烷、1，2-二氯乙烷、环氧氯丙烷、氯乙烯、1，1-二氯乙烯、1，2-二氯乙烯、三氯乙烯、四氯乙烯、氯丁二烯、六氯丁二烯、苯乙烯、甲醛、乙醛、丙烯醛、三氯乙醛、苯、甲苯、乙苯、二甲苯[①]、异丙苯、氯苯、1，2-二氯苯、1，4-二氯苯、三氯苯[②]、四氯苯[③]、六氯苯、硝基苯、二硝基苯[④]、2，4-二硝基甲苯、2，4，5-三硝基甲苯、硝基氯苯[⑤]、2，4-二硝基氯苯、2，4-二氯苯酚、五氯酚、苯胺、

续表

类别	必测项目	选测项目
饮用水源地		联苯胺、丙烯酰胺、丙烯腈、邻苯二甲酸二丁酯、邻苯二甲酸二（2-乙基己基）酯、水合肼、四乙基铅、吡啶、松节油、苦味酸、丁基黄原酸、活性氯、滴滴涕、林丹、环氧七氯对硫磷、甲基对硫磷、马拉硫磷、乐果、敌敌畏、敌百虫、内吸磷、百菌清、甲萘威、溴氰菊酯、阿特拉津、苯并（a）芘、甲基汞、多氯联苯⑥、微囊藻毒素-LR、黄磷、钼、钴、铍、硼、锑、镍、钡、钒、钛、铊
湖泊水库	水温、pH 值、溶解氧、高锰酸盐指数、化学需氧量、五日生化需氧量、氨氮、总磷、总氮、铜、锌、氟化物、硒、砷、汞、镉、六价铬、铅、氰化物、挥发酚、石油类、阴离子表面活性剂、硫化物、粪大肠菌群、氯化物、叶绿素 a、透明度	矿化度、总硬度、电导率、悬浮物、硝酸盐氮、硫酸盐、碳酸盐、重碳酸盐、总有机碳、钾、钠、钙、镁、铁、锰、镍。其他项目可根据水功能区和入河排污管理需要确定

注：①二甲苯指邻二甲苯、间二甲苯和对二甲苯。

②三氯苯指 1，2，3-三氯苯、1，2，4-三氯苯和 1，3，5-三氯苯。

③四氯苯指 1，2，3，4-四氯苯、1，2，3，5-四氯苯和 1，2，4，5-四氯苯。

④二硝基苯指邻二硝基苯、间二硝基苯和对二硝基苯。

⑤硝基氯苯指邻硝基氯苯、间硝基氯苯和对硝基氯苯。

⑥多氯联苯指 PCB-1016、PCB-1221、PCB-1232、PCB-1242、PCB-1248、PCB-1254 和 PCB-1260。

表 5.3 地下水水质监测项目

必测项目	选测项目
pH 值、总硬度、溶解性总固体、钾、钠、钙、镁、硝酸盐、硫酸盐、氯化物、重碳酸盐、氟化物、氨氮、高锰酸盐指数、挥发酚、氰化物、砷、汞、镉、六价铬、铅、铁、锰、总大肠菌群	色、嗅和味、浑浊度、肉眼可见物、铜、锌、钼、钴、阴离子合成洗涤剂、电导率、溴化物、碘化物、亚硝胺、硒、铍、钡、镍、六六六、滴滴涕、细菌总数、总α放射性、总β放射性

5.5.2 水质检测项目分析方法

在水质的检测过程中，针对不同的项目对象用的测定方法一般都是不同的，

表 5.4 是针对地表水不同测量参数选择的各种测定方法介绍，地下水的测量也可根据该表来进行测定。

表 5.4 地表水水质检测方法

序号	参数	测定方法	检测范围/（mg/L）	注释	分析方法来源
1	水温	水温计测量法	-6～+40℃		GB 13195－91
2	pH 值	玻璃电极法	0～14		GB 6920－86
		便携式 pH 计法			
3	硫酸盐	硫酸钡重量法	10 以上	结果以 SO_4^{2-}计	GB 5750－85
		铬酸钠分光光度法	5～200		
		硫酸钠比浊法	1～40		
		重量法			GB/T 11899－89
		铬酸钡分光光度法[《水和废水监测分析方法》（第四版）]			国家环保总局 2002 年
4	氯化物	硝酸银容量法	10 以上	结果以 Cl^-计	GB5750－85
		硝酸汞容量法	可测至 10 以下		
		硝酸银滴定法	10～500		GB/T 11896－1989
		电位滴定法	大于 3.45		
5	总铁	二氮杂菲分光光度法	检出下限 0.05		GB 11906－89
		原子吸收分光光度法	检出下限 0.02		GB 11911－89
	铁、锰的测定	火焰原子吸收分光光度法			GB/T 11911－1989
	溶解性铁				
6	总锰	高碘酸钾分光光度法	检出下限 0.02		GB 11906－89
		原子吸收分光光度法	检出下限 0.01		GB 11911－89
	铁、锰的测定	火焰原子吸收分光光度法			GB/T 11911－1989

续表

序号	参数	测定方法		检测范围/（mg/L）	注释	分析方法来源
7	总铜	原子吸收分光光度法	直接法	0.05～5		GB 7475－87
			整合萃取法	0.001～0.05		GB 7474－87
		二乙基二硫代氨基甲酸钠（铜试剂）分光光度法		检出下限 0.003（3cm 比色皿）0.02～0.7（1cm 比色皿）		GB 7473－87
		2，9-二甲基-1，10-二氮杂菲（新铜试剂）分光光度法		0.006～3		
	铜、锌、铅、镉的测定	原子吸收分光光度法				GB/T 7475－1987
8	总锌	双硫腙分光光度法		0.005～0.05	经消化处理后测得的水样中总锌量	GB 7472－87
		原子吸收分光光度法		0.05～1		GB 7475－87
	铜、锌、铅、镉的测定	原子吸收分光光度法				GB/T 7475－1987
9	硝酸盐	酚二磺酸分光光度法		0.02～1	硝酸盐含量过高时，应稀释后测定。结果以氮（N）计	GB7 480－87
	硝酸盐氮	紫外分光光度法				HJ/T 346－2007
	总氮的测定	碱性过硫酸钾消解紫外分光光度法				GB/T 11894－1989
10	亚硝酸盐	分光光度法		0.003～0.2	采样后应尽快分析，结果以氮（N）计	GB/T 7493－87
11	非离子氨	纳氏试剂分光光度法		0.05～2（分光光度法）0.20～2（目视法）	测得结果系以氮（N）计的氨氮浓度，然后再根据 GB 3838－88 附表，换算为非离子氨浓度	GB 7479－87
		水杨酸分光光度法		0.01～1		GB 7481－87
12	凯氏氮	硒催化矿化法		检出下限 0.5（1cm 比色皿）	样品处理后用纳氏分光光度法。测得值为氨氮与有机氮的总和，结果以氮（N）计	GB 11891－89

续表

序号	参数	测定方法	检测范围/(mg/L)	注释	分析方法来源
13	总磷	钼酸铵分光光度法	0.01～0.6	未过滤水样经消化处理后测得的溶解的和悬浮的总磷量(以P计)	GB/T 11893－89
14	高锰酸盐指数	酸性高锰酸钾法	0.5～4.5	氯离子浓度大于300mg/L时采用碱性高锰酸钾法	GB 11892－89
		碱性高锰酸钾法	0.5～4.5		
15	溶解氧	碘量法	0.2～20	碘量法测定溶解氧有各种修正法，测定时应根据干扰情况具体选用	GB 7489－87
		电化学探头法			GB/T 11913－1989
		膜电极法			GB 11914－89
		便携式溶解氧仪法			
16	化学需氧量	重铬酸盐（钾）法	30～700		GB 11914－89
		快速密闭催化消解法	50～2500		
17	生化需氧量	稀释与接种法	2～6000 或者大于2		GB 7488－87
		微生物传感器快速测定法			HJ/T 86－2002
18	氟化物	氟试剂分光光度法	0.50～1.8	结果以F⁻计	GB 7482－87
19	硒（四价）	茜素磺酸分光光度法	0.50～2.5		GB/T7484－87
		离子选择性电极法	0.50～1900		
		二氨基联苯胺分光光度法	检出下限 0.01		GB 5750－85
20	总砷	荧光分光光度法	检出下限 0.001	测得为单体形态、无机或有机物中元素砷的总量	GB 7485－87
		二乙二硫氨基甲酸银分光光度法	0.007～0.5		
21	总汞	冷原子吸收分光光度法	高锰酸钾-过硫酸钾消毒法	检出下限0.0001（最佳条件0.00005）	包括无机或有机结合的、可溶的和悬浮的全部汞

续表

<table>
<tr><th>序号</th><th>参数</th><th colspan="2">测定方法</th><th>检测范围/（mg/L）</th><th>注释</th><th>分析方法来源</th></tr>
<tr><td rowspan="2">22</td><td rowspan="2">总镉</td><td rowspan="2">原子吸收分光光度法（螯和萃取法）</td><td>溴酸钾-溴化钾消毒法</td><td rowspan="2"></td><td rowspan="2">经酸消解后，测得水样中的总镉量</td><td rowspan="2">GB 7475－87
GB 7468－87</td></tr>
<tr><td>0.001～0.05</td></tr>
<tr><td rowspan="3">23</td><td rowspan="2">铜、锌、铅、镉的测定</td><td colspan="2">双硫腙分光光度法</td><td>0.001～0.05</td><td rowspan="2"></td><td>GB 7471－87</td></tr>
<tr><td colspan="2">原子吸收分光光度法</td><td></td><td>GB/T 7475－1987</td></tr>
<tr><td>铬（六价）</td><td colspan="2">二苯碳酸二肼分光光度法</td><td>0.004～1.0</td><td></td><td>GB 7467－87</td></tr>
<tr><td rowspan="3">24</td><td>总铬</td><td colspan="2">高锰酸钾氧化-二苯碳酸酰二肼分光光度法</td><td></td><td></td><td>GB/T 7466－1987</td></tr>
<tr><td rowspan="2">总铅</td><td colspan="2">火焰原子吸收分光光度法</td><td></td><td></td><td>国家环保局，2002年</td></tr>
<tr><td colspan="2">原子吸收分光光度法</td><td>0.2～10</td><td>直接法</td><td>经酸消解处理后，测得水样中的总铅量</td></tr>
<tr><td rowspan="4">25</td><td rowspan="3">铜、锌、铅、镉的测定</td><td colspan="2">螯合萃取法</td><td>0.01～0.2</td><td rowspan="3"></td><td>GB 7475－87</td></tr>
<tr><td colspan="2">双硫腙分光光度法</td><td>0.01～0.30</td><td>GB 7470－87</td></tr>
<tr><td colspan="2">原子吸收分光光度法</td><td></td><td>GB/T 7475－1987</td></tr>
<tr><td>总氰化物</td><td colspan="2">异烟酸-吡唑啉酮分光光度法</td><td>0.004～0.25</td><td>包括全部简单氰化物和绝大部分络合氰化物，不包括钴氰络合物</td><td>GB 7486－87</td></tr>
<tr><td rowspan="2">26</td><td rowspan="2">挥发酚</td><td colspan="2">吡啶-巴比妥酸分光光度法</td><td>0.002～0.45</td><td rowspan="2"></td><td rowspan="2">GB 7486－87</td></tr>
<tr><td colspan="2">蒸馏后4-氨基安替比林分光光度法（氯仿萃取法）</td><td>0.002～6</td></tr>
<tr><td>27</td><td>石油法</td><td colspan="2">紫外分光光度法</td><td>0.05～50</td><td></td><td>SL 93.2－94</td></tr>
<tr><td rowspan="2">28</td><td>石油类和动植物油的测定</td><td colspan="2">红外分光光度法</td><td></td><td></td><td>GB/T 16488－1996</td></tr>
<tr><td>阴离子表面活性剂</td><td colspan="2">亚甲蓝分光光度法</td><td>0.05～2.0</td><td>本法测得为活性物质（MBAS），结果以LAS计</td><td>GB 7494－87</td></tr>
</table>

续表

序号	参数	测定方法	检测范围/(mg/L)	注释	分析方法来源
29	总大肠菌群	多管发酵法			GB 5750－85
30	苯并[α]芘	滤膜法	2.5×10^{-3}		GB 5750－85
		纸层析-荧光分光光度法			
31	嗅和味	文字描述法[《水和废水监测分析方法》(第四版)]			国家环保总局，2002年
32	酸度	酸度指示剂滴定法[《水和废水监测分析方法》(第四版)]			国家环保总局，2002年
33	侵蚀性二氧化碳	甲基橙指示剂滴定法[《水和废水监测分析方法》(第四版)]			国家环保总局，2002年
34	碱度(总碱度、重碳酸盐和碳酸盐)	酸碱指示剂滴定法[《水和废水监测分析方法》(第四版)]			国家环保总局，2002年
35	色度的测定	铂钴标准比色法			GB/T 11903－1989
36	浊度的测定	目视比浊法			
37	悬浮物(SS)的测定	便携式浊度计法			
		分光光度法			GB/T 13200－1991
		重量法[《水和废水监测分析方法》(第四版)]			国家环保局，2002年
38	总可滤残渣	重量法[《水和废水监测分析方法》(第四版)]			国家环保局，2002年
39	总残渣	重量法			HJ/T 51－1999
	全盐量(溶解性固体)全盐量的测定				
40	总硬度(钙和镁总量)钙和镁总量的测定	EDTA滴定法			GB/T 7477－1987

续表

序号	参数	测定方法	检测范围/（mg/L）	注释	分析方法来源
41	氨氮 铵的测定	纳氏试剂比色法			GB/T 7479－1987
42	磷酸盐	水杨酸-次氯酸盐光度法[《水和废水监测分析方法》（第四版）]			国家环保总局，2002年
		钼酸铵分光光度法[《水和废水监测分析方法》（第四版）]			国家环保总局，2002年
43	硝基苯类	还原-偶氮光度法 [《水和废水监测分析方法》（第四版）]			国家环保总局，2002年
44	苯胺类化合物的测定	N-（1-萘基）乙二胺偶氮分光光度法			GB/T 11889－1989
45	游离氯和总氯的测定 N	N-乙二基-1，4-苯二胺滴定法 硫酸亚铁铵滴定法	0.03～5		GB/T 11897－1989、HJ 585
46	硫化物的测定	亚甲基蓝分光光度法			GB/T 16489－1996
47	镍	碘量法	大于0.4		HJ/T 60－2000
		间接火焰原子吸收法			
		火焰原子吸收分光光度法			GB/T 11912－1989
48	钾、钠的测定	乙酰丙酮分光光度法			
49	银				
50	甲醛		检出限为 0.25×10^{-3}	当采样体积为30L时，最低检出的浓度为 $0.008mg/m^3$	GB/T 13197－1991
51	透明度	铅字法			
52	矿化度	塞式盘法（现场）			
		重量法			
53	电导率	便携式电导仪法			

5.6 水质检测对象及仪器介绍

通过上面章节的介绍，我们知道水质的检测项目类别很多，在这里主要分为理化指标检测、无机阴离子检测、营养盐及有机指标检测、金属含量检测、微生物检测、有机污染物检测、抗生素含量检测来进行介绍。（该分类方法来自“复昕分析”网站。）

5.6.1 理化指标检测及仪器介绍

理化指标是指产品的物理性质、物理性能、化学成分、化学性质等技术指标。根据水质的理化指标不同，可以将水分为硬水和软水、酸性水和碱性水。

理化指标检测主要包括 pH、浑浊度、总硬度、溶解性总固体、总碱度、SS、色度、磷酸盐、苯系物（BTEX）、嗅味、水温、电导率、悬浮性固体、总氮、总有机碳、溶解氧、石油类和动植物油、阴离子表面活性剂等。

水质的理化指标是其具有的本质物理化学属性，在这里只能简单讲解几个物理化学属性变化的原因。

（1）pH：水的酸性或碱性程度用 pH 值来表示，当水中氢离子的浓度升高时，pH 值变小；反之，当氢离子的浓度降低时，pH 值变大。在水中没有任何其他物质时，在 25℃的常温下，水的 pH 值是 7。pH 的升高与降低还得根据具体情况而定。

（2）总硬度：水总硬度是指水中 Ca^{2+}、Mg^{2+}的总量，它包括暂时硬度和永久硬度。通过检测可以知道其是否可以用于工业生产及日常生活，如硬度高的水可使肥皂沉淀并使洗涤剂的效用大大降低，纺织工业上硬度过大的水使纺织物粗糙且难以染色；烧锅炉易堵塞管道，引起锅炉爆炸事故；高硬度的水，难喝、有苦涩味，饮用后甚至影响胃肠功能等，喂牲畜可引起孕畜流产等。水质中总硬度的升高与工业废水及居民生活污水随意排放，污水灌溉，过量开采地下水，酸雨，工业废渣和城市生活垃圾的随意堆放，农药、化肥的大量使用等有关。

（3）水温：水体的温度。地面水的温度随日照与气温的变化而改变。地下水的温度则和地温有密切关系。水温可以影响水中细菌的生长繁殖和水的自然净化作用，同时，水温与水的净化消毒也有重要的关系。

（4）电导率：表示物质传输电流能力强弱的一种测量值，主要受阴离子和阳离子的含量、温度、溶解性总固体含量及悬浮物含量等的影响。一般来说电导率是无穷大的，但得根据其影响因素来决定，特别是金属元素。

水质物理化学属性变化的影响。如水温是水生生态系统最为重要的因素之一，它对水生生物的生存、新陈代谢、繁殖行为以及种群的结构和分布都有不同程度的影响，并最终影响着水生生态系统的物质循环和能量流动过程、结构以及功能[9]。又比如水质的pH值，对环境保护和人体健康都有重要意义，从人体体液的pH值数据，可以看出一个人的健康与其有密切关系，正常状况人体各个体液的pH值的波动范围很小，当pH值超过了恰当的范围时，人就会处于生病的状态，有时候还会有生命危险。表5.5介绍了一些厂家对各种水质的理化指标进行测量的仪器。

表5.5　理化指标检测仪厂家及产品

厂家	仪器型号	仪器主要参数	主要测试对象/应用领域
上海仪田精密仪器有限公司	多参数水质分析仪DZS-706型	类别：pH 测量范围：0.00～14.00 分辨率：0.01 基本误差（±1个字）：±0.01 稳定性（±1个字/3h）：±0.01 温度补偿范围：0～60℃ 类别：ORP（mV） 测量范围：±1999 分辨率：1.0 基本误差（±1个字）：±0.1%（F·S.）	检测项目： 重金属、pH、溶解氧、浑浊度

续表

厂家	仪器型号	仪器主要参数	主要测试对象/应用领域
上海仪田精密仪器有限公司	多参数水质分析仪DZS-706型	类别：电导率仪（uS/cm） 测量范围：0～1×10^5 基本误差（±1个字）：±1.5%（F·S.） 稳定性（±1个字/3h）：0.5（F·S.） 温度补偿范围：15～35℃ 类别：温度（℃） 测量范围：0.00～60.0 分辨率：0.1 基本误差（±1个字）：±0.3	检测项目： 重金属、pH、溶解氧、浑浊度。
北京瑞析科技有限公司	台式多参数水质检测仪RX-SDMT	控温范围：室温～190℃ 批处理样：12（可选配25/36） 精确度：≤±5% 曲线数量：99条 存储数据：30000组 定时模式：自动延时 显示模式：彩色液晶屏 参数切换：自动 通信接口：RS232 比色方式：比色皿（池） 主机尺寸：440×290×150（mm）	检测项目：浊度、色度、氨氮、余氯、总氯、总磷、CODcr、二氧化氯、游离氯、硝酸盐、硝酸盐氮、亚硝酸盐、亚硝酸盐氮、硫酸盐、硫化物、溶解氧、磷酸盐、正磷酸盐、锌、钾、钙、镁、镍、镉、硒、硼、碘、铅、汞、砷、钡、钼、铍、三价铬、氯化物
北京恒瑞鑫达科技有限公司	红外光度测油仪、红外分光三波数测油仪LT/JKY-3A	测量范围：0.1～100mg/L（4cm比色皿 萃取液中油浓度），0.001～10000mg/L（4cm比色皿 水样中油浓度） 线性相关系数：R>0.999 检出限：0.1mg/L（萃取液） 最低检出浓度：0.001mg/L（水样1:100萃取） 测量准确度：±2% 测量重复性：1% 波数范围：4000cm^{-1}～2400cm^{-1} 波数分辨率：0.2cm^{-1} 波数准确度：±1cm^{-1} 波数重复性：1cm^{-1} 电源及功耗：AC 220V±10%，50H，40VA 外形尺寸：480×310×150（mm） 净重：12kg 控制方式：内置单片机或通过USB接口连接台式计算机或笔记本电脑	地下水、地表水、生活污水和工业废水中石油类和动植物油含量及餐饮业烟油浓度的测定

续表

厂家	仪器型号	仪器主要参数	主要测试对象/应用领域
上海艾测电子科技有限公司	美国 Thermo Eutech（便携式电导率检测仪/TDS测量仪） 价格：8390元/台。	电导率分辨率：0.05%（满刻度） 电导率精度：±1%（满刻度） TDS范围：0～10ppm，10～100ppm，100～1000ppm，1～10ppt，10～1000ppt； TDS：分辨率0.05%（满刻度）；精度：±1%（满刻度）；因子：0.4到1可调 校正点：5点（每量程1点） 温度范围：0～80℃ 温度分辨率：0.1 温度精度：±0.1℃ 工作环境温度：0～50℃ 尺寸/重量：19×10×6（cm）/320g（单机） 装箱尺寸/重量：24×23×7（cm）/700g	常规中应用于实验室、现场、学校和环境保护中检控溶液的电导率 工业上用于环境检测、水处理和水硬度的测量，也可以用作冷却塔水、印刷用水、盐水、游泳池水、瀑布水和高山水 农业中用于水族馆、养鱼业、无土栽培和肥料/浓度测试
赛谱分析仪器有限公司	水中苯系物的检测仪器 品牌：赛谱 价格：28000元/台	苯系物方法：液上气相色谱法 最低检测浓度：0.005mg/L 检测范围：0.005～0.1mg/L	适用于工业废水及地表水中苯、甲苯、乙苯、对二甲苯、间二甲苯、邻二甲苯、异丙苯、苯乙烯8种苯系物的测定

5.6.2 无机阴离子检测及仪器

无机阴离子指不带碳元素且原子带负电的离子。如由国家发布的《水质无机阴离子的测定离子色谱法》中对阴离子的测试主要是对F^-、Cl^-、NO_2^-、Br^-、NO_3^-、PO_4^{3-}、SO_3^{2-}、SO_4^{2-}等进行测量。

无机阴离子主要包括硫酸盐、氰化物、氟化物、氯化物、溴化物、碘化物、碳酸盐、重碳酸盐等。

水中无机阴离子的来源：岩石、土壤无机盐溶解，有机体的分解等。

水中无机阴离子的危害：研究表明，当水中氯离子达到一定浓度时，常和相对应的阳离子（Na^+、Ca^{2+}、Mg^{2+}等）共同作用，使水产生不同的味道，导致水质产生感官性状的恶化。《生活饮用水卫生标准》（GB 5749－2006）中规定氯化物的含量不得超过 250mg/L，氯化物过高，会使水呈酸性，有侵蚀性，对供水管材的腐蚀作用以及对水化学稳定性的影响与硫酸盐相似。相对应的，硝酸盐和氟化物也被纳入毒理性指标，其含量必须严格加以控制。其中规定饮用水中氟含量不得超过 1mg/L，硝酸盐含量不得超过 10mg/L。氟离子、硝酸盐和亚硝酸盐对人体有严重的负面影响，过多摄入氟离子，可致急、慢性中毒，主要表现为氟斑牙和氟骨症，尤其对中老年人的影响更大。水体中过高的硝酸盐可引起婴儿变性血红蛋白血症，亚硝酸盐是致癌物质，过多摄入会对人体不利。表 5.6 是对无机阴离子检测仪厂家及产品的介绍。

表 5.6 无机阴离子检测仪厂家及产品

厂家	仪器型号	仪器主要参数	主要测试对象/应用领域
北京智云达科技股份有限公司	ST-1B 水质检测仪（4 项）	光源：超高亮 LED 测量方式：定量测量 检测器：光伏转换器 测量部件：比色管 电源：可充电锂电池；5V DC 输入/显示：液晶显示屏，薄膜键盘 波长范围：410nm、589nm 100%噪声：≤ 0.5%τ 0%噪声：≤ 0.5%τ 漂移：≤ 0.4%τ/3min 外形尺寸(L×W×H)：178mm×95mm×45mm 环境温度：工作环境 5～30℃，储存环境-20～55℃ 检测指标：与手持式水质检测仪检测指标的对应指标相同	检测项目：色度、氯化物、硫酸盐、臭氧
郑州雷伯特电子科技有限公司	102SQ 氰化物测定仪	测量范围：0～1mg/L 测量精度：±5% 电源电压：9V 分辨率：0.01 适用行业：水厂化验室 加工定制：是	适用于蒸馏水、饮用水、生活用水、地表水和蒸馏后的污水中氰化物的定量测定

续表

厂家	仪器型号	仪器主要参数	主要测试对象/应用领域
郑州雷伯特电子科技有限公司	雷伯特 103SJ（便携式水质分析仪）	测定下限：10mg/L 测定范围：0～1500mg/L 测量精度：±5%	水中碳酸盐、重碳酸盐检测
深圳市昌鸿科技有限公司	昌鸿 CHBR-307	测量范围：0.1～10mg/L 最小分辨率：0.1mg/L 示值误差：≤±5% 重复性：≤±3% 测量精度：±5% 光学稳定性：≤0.002A/20min 尺寸：266mm×200mm×130mm 功耗：30W 重量：<1kg	测量水中溴化物
北京天地首和科技发展有限公司	TDI-263 型 0～0.8mg/L 水中专用碘化物测量仪器	测量范围：0～0.8mg/L，超过稀释测定 最小分辨率：0.01mg/L 示值误差：≤5%（F·S.） 重复性：≤3% 光学稳定性：≤0.002A/20min 外形尺寸：主机 266mm×200mm×130mm 功耗：30W 重量：小于 1kg	适用于饮用水、地表水、地面水、污水和工业废水的测定，测定后显示碘化物浓度值
北京智云达科技股份有限公司	硫酸盐检测仪/硫酸盐测定仪 型号：ST-1/SO4	漂移：≤0.4%τ/30min 输入/显示：液晶显示屏，薄膜键盘 仪器尺寸：约 178mm×95mm×45mm 仪器质量：约 400g	检测水中硫酸盐

5.6.3 营养盐及有机指标检测

营养盐类指生物为进行正常生活所必需的盐类，在这里主要指有机营养盐。一般在构成其植物体的主要元素的 C、H、O、N、S、P、K、Ca、Mg 中，除 C、H、O 外，均取自于其周围水中溶解的盐类，这些称为多量元素。水中若含过多的营养盐会导致水体富营养化。

主要包含对象：氨氮、高锰酸盐指数、化学需氧量（CODcr）、生化需氧量

（BOD5）、硝酸盐（以 N 计）、亚硝酸盐（以 N 计）等。

水体富营养化的主要原因：人类排放工业废水和生活污水。

水体富营养化的危害：在人类活动的影响下，生物所需的氮、磷等营养物质大量进入湖泊、河湖、海湾等缓流水体，引起藻类及其他浮游生物迅速繁殖，水体溶解氧量下降，水质恶化，鱼类及其他生物大量死亡。表 5.7 是关于这方面的厂家及检测仪器介绍。

表 5.7 营养盐及有机指标检测仪厂家及产品

<table>
<tr><th>厂家</th><th>仪器型号</th><th colspan="2">仪器主要参数</th><th>主要测试对象/应用领域</th></tr>
<tr><td rowspan="17">上海圣科仪器设备有限公司</td><td rowspan="17">上海雷磁 DGB-401（便携式 COD 氨氮总磷快速测定仪、多参数水质分析仪）</td><td colspan="2">波长：420nm；470nm；620nm；700nm</td><td rowspan="17">氨氮的检测
适用范围：游泳馆、水厂化验室、疾控中心、水产养殖业、医院</td></tr>
<tr><td rowspan="4">测量范围</td><td>氨氮：0～4mg/L</td></tr>
<tr><td>低浓度 COD：0～150mg/L</td></tr>
<tr><td>高浓度 COD：150～1500mg/L</td></tr>
<tr><td>总磷：0～1mg/L</td></tr>
<tr><td rowspan="4">仪器基本误差</td><td>氨氮：±10%</td></tr>
<tr><td>低浓度 COD：±8%</td></tr>
<tr><td>高浓度 COD：±8%</td></tr>
<tr><td>总磷：±10%</td></tr>
<tr><td rowspan="4">仪器的重复性</td><td>氨氮：±3%</td></tr>
<tr><td>低浓度 COD：±3%</td></tr>
<tr><td>高浓度 COD：±3%</td></tr>
<tr><td>总磷：±3%</td></tr>
<tr><td rowspan="4">仪器的稳定性</td><td>氨氮：20min 内氨氮浓度变化应小于 0.2mg/L</td></tr>
<tr><td>低浓度 COD：20min 内 COD 值变化应小于 6mg/L</td></tr>
<tr><td>高浓度 COD：20min 内 COD 值变化应小于 6mg/L</td></tr>
<tr><td>总磷：20min 内总磷浓度变化应小于 0.05mg/L</td></tr>
</table>

续表

<table>
<tr><th>厂家</th><th>仪器型号</th><th colspan="2">仪器主要参数</th><th>主要测试对象/应用领域</th></tr>
<tr><td rowspan="10">武汉正元自动化仪表工程有限公司</td><td rowspan="10">快速水质检测仪、便携式COD氨氮总磷测定仪 ZY-308S型</td><td rowspan="3">测量方法</td><td>COD（化学需氧量）:《水质快速消解分光光度法》（HJ/T 399－2007）</td><td rowspan="10">重金属、色度、浑浊度、pH、总硬度、盐度、溶解氧，其他</td></tr>
<tr><td>氨氮：《水质纳氏试剂分光光度法》（HJ 535－2009）</td></tr>
<tr><td>总磷:《水质钼酸铵分光光度法》（HJ 671－2013）</td></tr>
<tr><td>测量里程</td><td>COD：0～10000mg/L
氨氮：0～50mg/L
总磷：0～20mg/L
均为分段测定</td></tr>
<tr><td>检测下限</td><td>COD：5mg/L
氨氮：0.01mg/L
总磷：0.02mg/L</td></tr>
<tr><td>消解温度</td><td>COD：165℃，15min
氨氮：不需消解
总磷：125℃，30min</td></tr>
<tr><td>准确度</td><td>COD：COD>50mg/L，示值误差不超过 5%
氨氮和总磷：示值误差不超过 5%</td></tr>
<tr><td colspan="2">分辨率：0.001mg/L
重复性：相对标准偏差不超过 3%
光学稳定性：≤0.001A/20min
仪器尺寸：190mm×150mm×95mm
仪器电源：2800mA 可充电电源
环境温度：5～40℃
环境湿度：≤85%无冷凝
仪器重量：主机<1.4kg，消解器<2kg</td></tr>
<tr><td>科诺科仪</td><td>锰法 COD 测定仪 KN-CM10 型</td><td colspan="2">测定范围：0.3～20mg/L
产品型号：KN-CM10
测定方法：比色法
测定精度：≤±10%
测定时间：40min
检出限：0.05mg/L
光源寿命：10 万小时</td><td>测定饮用水、地表水、地下水等水质中的高锰酸盐指数含量，浓度直读</td></tr>
</table>

续表

厂家	仪器型号	仪器主要参数	主要测试对象/应用领域
科诺科仪	锰法 COD 测定仪 KN-CM10 型	批处理量：5/25 个（可扩展） 校正方式：支持曲线自动校正并自动保存 曲线参数：内置 1 条标准曲线 仪器体积：160mm×190mm×126mm 仪器重量：1.6kg 比色方式：比色皿 显示屏：4 位数码管 环境湿度：相对湿度<85%HR（无冷凝） 工作电源：AC 220V±10%/50Hz 功耗：5W	测定饮用水、地表水、地下水等水质中的高锰酸盐指数含量，浓度直读
合肥恩帆仪器设备有限公司	EFYN-3D 型亚硝酸盐快速测定仪	测量范围：0.01～5.00mg/L，超过量程时稀释 检测分为两个量程：0.02～1mg/L，1～5mg/L 基本误差：±3%（F·S.） 最低检出限：0.01mg/L 工作温度：0～50℃ 外形尺寸：330mm×240mm×168mm 重量：3kg 正常使用条件： 环境温度：0～50℃ 相对湿度：≤85% 供电电源：AC（220±22）V；（50±0.5）Hz； 无显著的振动及电磁干扰，避免阳光直射	适用于饮用水、地表水、地面水、污水和工业废水亚硝酸盐的测定
青岛宜兰环保工程有限公司	宜兰环保 LB-50（水中生化需氧量检测仪、环保局用 BOD 测定仪）价格：35000 元/台	测量范围：2～50mg/L（稀释可测到 4000mg/L） 重复性：≤10% 准确度：优于±5% 分辨率：0.1mg/L 一次测样时间：5～8min 进样方式：恒流连续进样 缓冲溶液消耗：5ml/min 所需样品体积：每测一次需 50ml 环境温度：5～40℃ 相对湿度：≤90% 功率：100W 电源：AC 220V 50Hz 外部尺寸：560mm×360mm×210mm 重量：16kg（含包装约 20kg）	检测项目：重金属、色度、浑浊度、pH、总硬度、盐度、溶解氧、其他 适用范围：地表水、生活污水、工业废水中的 BOD

5.6.4 金属含量检测

金属是一种具有有光泽（即对可见光强烈反射），富有延展性，容易导电、导热等性质的物质。在自然界中，绝大多数金属以化合态存在，少数金属如金、铂、银、铋以游离态存在。金属矿物多数是氧化物及硫化物，其他存在形式有氯化物、硫酸盐、碳酸盐及硅酸盐。金属之间的连接是金属键，因此随意更换位置都可再重新建立连接，这也是金属延展性良好的原因。金属元素在化合物中通常只显正价。相对原子质量较大的被称为重金属。

包括的对象有：砷、汞、六价铬、铅、锌、铜、镉、铁、锰、钴、镍、钼、铍、钡、钾、钠、钙、镁等。

水质中重金属来源：主要来源和工业的发展有关，特别是各类化工厂的兴建，各地矿业的开发，沿岸工厂的污水排放，都对水源造成了不同程度的破坏，水中污染物也主要为各类有机污染物、重金属。

水中重金属的危害：当重金属达到一定浓度的时候，就会对人和其他生物造成伤害。重金属在水中不能被分解，人饮用后毒性放大，与水中的其他毒素结合成毒性更大的有害物质。重金属能引起人的头痛、头晕、失眠、关节疼痛、结石等，尤其对消化系统、泌尿系统的细胞、脏器、皮肤、骨骼、神经的破坏极为严重。表5.8是金属含量检测仪厂家及产品的介绍。

表5.8 金属含量检测仪厂家及产品

厂家	仪器型号	仪器主要参数	主要测试对象/应用领域
北京智云达科技股份有限公司	ZYD-HFA 水质检测仪（20项）	波长范围：510nm、535nm、640nm 波长选择：自动 100%噪声：≤0.5%τ 0%噪声：≤0.4%τ/3min 光源：超高亮发光二极管 检测器：光伏转化器 显示器：128×64点阵带背光	检测项目：铁、砷、锰、氨氮、氟化物、硝酸盐氮、亚硝酸盐氮、余氯、二氧化氯、浊度、氰化物、镉、六价铬、铅、甲醛、尿素、总氯、硫化物、磷酸盐、总磷（20项）

续表

厂家	仪器型号	仪器主要参数	主要测试对象/应用领域
		读出模式：透光度、吸光度、浓度 外部输出：USB 操作温度：0～50℃ 存储温度：40～60℃ 湿度：85%以下 仪器尺寸：210mm×85mm×55mm 仪器重量：400g 检测指标：与手持式水质检测仪检测指标的对应指标相同	
北京瑞析科技有限公司	台式多参数水质检测仪RX-SDMT	控温范围：室温～190℃ 批处理样：12（可选配25/36） 精确度：≤±5% 曲线数量：99条 存储数据：30000组 定时模式：自动延时 显示模式：彩色液晶屏 参数切换：自动 通信接口：RS232 比色方式：比色皿（池） 主机尺寸：440mm×290mm×150mm	检测项目：浊度、色度、氨氮、余氯、总氯、总磷、CODcr、二氧化氯、游离氯、硝酸盐、硝酸盐氮、亚硝酸盐、亚硝酸盐氮、硫酸盐、硫化物、溶解氧、磷酸盐、正磷酸盐、锌、钾、钙、镁、镍、镉、硒、硼、碘、铅、汞、砷、钡、钼、铍、三价铬、氯化物
江苏天瑞仪器股份有限公司	水中重金属检测仪器型号:HM-5000P	分辨率：0.01ppb 仪器检出限：0.1ppb 校准模式：以标准液作标准比较 最快检测时间：30s，检测前准备仅需几分钟 通信接口：USB 每次充电可持续检测次数：≥100次 数据存储量：可达2000个测量数据 配套软件：可实现通过USB接口与仪器联机测试，进行数据上传、存储管理、数据谱图分析 仪器重量：≤10kg	可检测项目及其范围： 方法：溶出伏安法 铜、镉：0.1μg/L～20mg/L 铅、锌、铊：0.5μg/L～20mg/L 汞：0.5μg/L～6mg/L 砷：1μg/L～20mg/L 锰、银：1μg/L～6mg/L 镍（阴极）：1μg/L～500mg/L 方法：比色法 铜：0.02～3mg/L 铬：0.01～2mg/L 总铬：0.1～2.5mg/L 镍：0.02～5mg/L 铅：0.02～2mg/L 锌：0.03～2mg/L 铁：0.01～5mg/L 钴：0.04～1.2mg/L 锰：0.1～5mg/L

续表

厂家	仪器型号	仪器主要参数	主要测试对象/应用领域
南京格维恩环境技术有限公司	PDV6000 plus/ultra 便携式重金属测定仪	部分参数： 尺寸：10cm×18cm×4cm； 最快检测时间：最快≤30s，最长≤10min 工作条件。环境温度：0～40℃；相对湿度：20%～80% 测量模式：多里程测量模式 电源。主供电：220V；市电、野外供电：可充电电池 可检测范围：0.1ppb～300ppm 以上 检测精度。单机检测：±10%；软件分析：±5% 分辨率：0.1ppb 检测限：0.5ppb 通信接口：支持 RS-232 通信接口 数据存储：大于 1000 次	应用于纯净水、饮用水水源、地表水、饮料、环境水体检测等领域 检测项目及范围： 锌：0.5ppb～32ppm 铅、镉：0.5ppb～30ppm 汞：0.1ppb～6ppm 铜：1ppb～32ppm 砷：0.5ppb～8ppm 铬：1ppb～20ppm 钛、锑：5ppb～16ppm 锡：5ppb～20ppm 铊：0.6ppb～25ppm 锰：1ppb～30ppm
兰州连华环保科技有限公司	重金属多参数测定仪 LH-MET3M	准确度/精密度：±10% 检测时间：20min 分辨率：0.01mg/L 检测金属：双参数/多参数 检测原理：分光光度法 仪器种类：实验室台式	检测项目、范围及检测限： 六价铬、总铬：0～5mg/L，0.001mg/L 铜：0～25mg/L，0.01mg/L 锌：0～10mg/L，0.04mg/L 镍：0～40mg/L，0.01mg/L 钛：0～50mg/L，0.005mg/L 铅：0～50mg/L，0.025mg/L

5.6.5 微生物检测及仪器介绍

微生物是包括细菌、病毒、真菌及一些小型的原生生物、显微藻类等在内的一大类生物群体。它个体微小，与人类关系密切，涵盖了有益跟有害的众多种类，广泛涉及食品、医药、工农业、环保等诸多领域。

主要包括对象：总大肠菌群、菌落总数、耐热大肠菌群、大肠埃希氏菌、金黄色葡萄球菌等。

水中微生物的来源：水中的微生物来源主要分为4个方面：

（1）来自水体中固有的微生物，如荧光杆菌、产红色和产紫色的灵杆菌、不产色的好氧芽孢杆菌、产色和不产色的球菌、丝状硫细菌、球衣菌及铁细菌等，它们都是水体的土著微生物。

（2）来自土壤的微生物，因雨水对地表的冲刷，会将土壤中的微生物带入水体。如枯草芽孢杆菌、巨大芽孢杆菌、氨化细菌、硝化细菌、硫化还原菌、蕈状芽孢杆菌、霉菌等。

（3）来自生产及生活的微生物，各种工业废水、生活污水和牲畜的排泄物夹带的各种微生物会进入水体。这些微生物有大肠杆菌、肠球菌、产气夹膜杆菌、各种腐生性细菌、厌氧梭状芽孢杆菌等，也包括一些病原微生物，如霍乱弧菌、伤寒杆菌、痢疾杆菌、立克次体、病毒、赤痢阿米巴等。

（4）来自空气的微生物，因雨雪降落时，会把空气中的微生物带入水体。初雨尘埃多，微生物含量也多，而初雨之后的降水微生物较少。雪花的表面积大，与尘埃接触面大，故其微生物含量要比雨水多。另外，空气中尘埃的沉降，也会直接把空气中的微生物带入水体。

水质中微生物的危害：在饮用水中的微生物达到一定的浓度就会污染水，导致人体受到伤害。如病毒，现在已经发现在 700 多种介水传播病毒中，以轮状病毒、肝炎病毒和肠道病毒为主导，可引起腹泻肝炎等多种病状。病毒对人体危害巨大，若污染水源将会造成极大的健康危害[8]。在工业冷却循环水系统中，微生物达到一定浓度对工业用水也会有很大影响。如有些微生物在日光的照射下，产生光合作用而放出氧气，增加水中溶解氧含量，金属腐蚀因此而加速。在一些微生物的代谢过程中，产生的酸性分泌物还会直接对金属造成腐蚀。而且，微生物在循环水系统中大量繁殖后生成生物黏泥，主要是微生物代谢物、残骸形成的沉积物，与水垢和尘土类混合，严重阻隔热量传递。这样由少聚多，形成菌膜，使传热器的传热效率明显降低，所以微生物在水质的检测中是不可忽略的。表 5.9 是关于这方面厂家及仪器的介绍。

表 5.9 微生物检测仪厂家及产品

厂家	仪器型号	仪器主要参数	主要测试对象/应用领域
常州无有实验仪器有限公司	T&E 菌落总数、总大肠菌群检测套件	检测项目：菌落总数、总大肠菌群、大肠埃希氏菌、耐热大肠菌群 应用范围：适用于实验室和现场微生物检测 检测方法：平皿计数法 操作环境：无需超净工作台 无菌控制：独立包装，避免污染 培养基：液体培养液，无需灭菌，无需冷藏 培养皿：具有特殊涂层，40min 固化 培养温度：温室或培养箱（35℃） 操作简单：液体培养液直接倒入培养皿 培养时间：48h 结果读取：肉眼直接读取结果 菌落颜色。菌落总数：无色或红色；大肠埃希氏菌：深蓝色；一般大肠菌群：蓝或蓝灰色。总大肠菌群=大肠埃希氏菌－一般大肠菌群	检测水中菌落总数和总大肠菌群
北京中诺泰安科技有限公司	水中总大肠菌群检测试剂盒	无	适用于二次供水、自来水、水源水、生活饮用水、矿泉水等样品中大肠菌群检测
北京中科三研科技有限责任公司	水质分析仪器（大肠菌群在线自动监测仪、粪大肠菌群检测仪）	采样体积：200μL（高浓度）或者 5mL（低浓度） 采样周期：1～24h 检测时间：小于 12h 测量范围：1 个/100mL～10×1011 个/100mL 检出限：1 个/100mL 培养温度：36.5℃（大肠菌群）或者 44.5℃（粪大肠菌群） 试剂：培养液 1 瓶/样品 次氯酸钠（有效氯：0.1%～0.5%）：5L/周 零点校正：采样前自动较正 参比溶液：培养液 报警信号：温度报警、机械故障报警等 通信接口：RS232 或者 RS485 电源：110～240V AC 50/60HZ 功耗：150W 环境：防潮、防尘、温度 10～30℃ 外形尺寸：1300cm×600cm×1700cm 重量：250kg	饮用水、地表水、地下水、生活污水、环境污水的大肠菌群和粪大肠菌群检测

续表

厂家	仪器型号	仪器主要参数	主要测试对象/应用领域
北京中仪博腾科技有限公司	中仪博腾 BOT-ⅡA	电压：220V、50HZ 功率：6W 波长：366nm 滤光片：200mm×50mm 辐射：30cm内，无需暗室可直接检测 手提：300mm×60mm×90mm 重量：0.8kg 台式：280mm×220mm×420mm 重量：3kg	应用于医疗卫生、食品安全监督、各级疾病控制中心、各级工商、检验检疫、自来水厂、矿泉水厂、饮料厂、海洋监测、质量监督、环境保护等部门的大肠埃希氏菌检测
广州达元食品安全技术有限公司	金黄色葡萄球菌测试片 品牌：绿洲	测定时间：24～48h 测量范围：3～300cfu 产地：广州 供电电源：无 检测精度：1cfu 检出范围：3～300cfu 类型：微生物检验仪器 售后服务：全国联保 通道数：无 外形尺寸：45mm×45mm 重量：0.2kg 检测低限：1cfu 适用样品：果蔬、粮食、水产品、肉制品、食用油、水发食品、膨化食品、饮料、调料、饮用水	适用于各类生、熟食制品，饮料，糕点，调味剂，奶制品等的快速检测

5.6.6 有机污染物检测

有机污染物是指以碳水化合物、蛋白质、氨基酸以及脂肪等形式存在的天然有机物质及某些其他可生物降解的人工合成有机物质为组成的污染物。有机污染物可分为天然有机（NOM）污染物和人工合成有机（SOC）污染物两大类。前者包括腐植质、微生物分泌物、溶解的植物组织和动物的废弃物；后者包括农药、商业用途的合成物及一些工业废弃物。

包含对象：肉眼可见物、挥发酚、多环芳烃（PAH）、多氯联苯（PCBs）、可吸附有机卤化物、挥发性卤代烃、有机氯农药（OCPesticides）、有机磷农药（OP

Pesticides)、挥发性有机物（VOCs)、半挥发性有机物（SVOCs)、二噁英、总石油烃类（TPH）等。

有机污染物的主要来源：光合作用生成的有机物、动植物分泌物及代谢产物、动植物的排泄物、生物残骸、有机废水、土壤中溶解的有机物以及人工施的肥和投的饵等。水体中的有机物来源主要分为两个方面：一是外界向水体中排放的有机物；二是生长在水体中的生物群体产生的有机物以及水体底泥释放的有机物。前者包括地面径流和浅层地下水从土壤中渗沥出的有机物，主要是腐植质、农药、杀虫剂、化肥及城市污水和工业废水向水体排放的有机物、大气降水携带的有机物、水面养殖投加的有机物、各种事故排放的有机物等。后者一般情况下在总的有机物中所占得比例很小，但是对于富营养化水体，如湖泊，水库则是不可忽略的因素。

主要特性及危害：水体中有机物的产生、存在形式、迁移、转化和降解与水体中生物（微生物、浮游生物和养殖生物）的繁殖、生长和死亡腐解过程都有密切的关系，水体的物理性质（水色、透明度、表面性质）及其许多无机成分（特别是重金属和过渡金属离子）的存在形式以及迁移过程也受到重要的影响。危害的类别主要是水质耗氧污染物和植物营养物。耗氧污染物有碳水化合物、蛋白质、油脂、木质素等有机物质。这些物质以悬浮或溶解状态存在于污水中，可通过微生物的生物化学作用而分解。在其分解过程中需要消耗氧气，因而被称为耗氧污染物。这种污染物可造成水中溶解氧减少，影响鱼类和其他水生生物的生长。水中溶解氧耗尽后，有机物进行厌氧分解，产生硫化氢、氨和硫醇等难闻气味，使水质进一步恶化。水体中有机物成分非常复杂，耗氧有机物浓度常用单位体积水中耗氧物质生化分解过程中所消耗的氧量表示，即以生化需氧量（BOD）表示。一般用 20℃时，五天生化需氧量（BOD5）表示。植物营养物主要指氮、磷等能刺激藻类及水草生长，干扰水质净化，使 BOD5 升高的物质。水体中营养物质过量所造成的“富营养化”对于湖泊及流动缓慢的水体所造成的危害已成为水源保护的严重问题。表 5.10 是有关这方面的厂家及仪器的介绍。

表 5.10 有机物检测仪厂家及产品

厂家	仪器型号	仪器主要参数	主要测试对象/应用领域
北京智云达科技股份有限公司	ZYD-NP96 农药残留快速检测仪	光源波长：410nm 检测通道：96 通道同时检测 反应时间：1min 或者 3min 任选 检出下限：0.05～5.0mg/kg（有机磷及氨基甲酸酯类） 测试范围：0～3.5A 分辨率：0.001A 准确度：±1%（0～2A） 线性误差：±0.1%（0～2A） 重复性：±0.005A（0～2A） 稳定性：≤0.005A 存储：大容量存储器，可以存储约 300000 组原始测量数据 界面：内置嵌入式微型热敏打印机，彩色大屏幕 LCD 中文显示。	用于检测蔬菜、水果、茶叶、粮食、水等中有机磷和氨基甲酸酯类农药残留。适用于各级农业检测中心、生产基地、农贸市场、超市，卫生、环保、宾馆酒店等领域
江苏天瑞仪器股份有限公司	水质中卤代烃检测仪 GC5400	屏幕显示：大屏幕显示 控温精度：≥±0.05℃ 最高控制温度：400℃ 运行仪器数量：≤3 个 灵敏度：5000mV·mL/mg	检测项目： 三氯甲烷、四氯化碳、三氯乙烯、四氯乙烯、三溴甲烷
LENSHER 企业（蓝尼·诗尔）	工业余氯分析仪、次氯酸检测仪、在线余氯测试仪、余氯控制器、变送器 LN-WY	测量范围：0～20mg/L 分辨率：0.01mg/L HOCL：0～10mg/L 温度：0～99.9℃，分辨率 0.1℃ 精度：余氯±2%或±0.035mg/L，取较大者 样品温度：0～60℃，0.6MPa 样品流速：200～250mL/min，自动，可调 最低检测限：0.01mg/L 电子单元重复性误差：±0.02mg/L 稳定性：±0.02（mg/L）/24 显示：中文液晶显示，中文界面操作 电流隔离输出：4～20mA（负载<750Ω） 输出电流误差：≤±1%F·S. 高低报警继电器：AC 220V，7A 迟滞量：0～5.00mg/L 任意调节接口：Rs485 通信 电源：AC 220V±220V，50HZ±1HZ，可选配 DC 24V 供电	水产养殖、电镀水、加药控制、污水处理站、水处理、硫化塔中余氯、次氯酸检测

续表

厂家	仪器型号	仪器主要参数	主要测试对象/应用领域
		防护等级：IP65 外形尺寸：96mm×96mm×112mm 开孔尺寸：90mm×90mm 功率：≤5W 工作条件。环境湿度：0～60℃；相对湿度：<85%	
深圳市仁瑞电子科技有限公司	天瑞 LC310	流量范围：0.001～9.999mL/min 流量稳定性误差：Sr≤0.3%　RSD<0.06% 流量设定值误差：SS≤0.5%（1mL/min 水，5～10MPa 室温） 压力线性和准确度：显示压力误差≤±0.5MPa（0～42MPa） 压力脉动：≤0.1MPa（流量 1mL/min，压力 5～10MPa）<0.5MPa 工作压力：42MPa（0.001～9.999mL/min） 外形尺寸：450mm×300mm×160mm 紫外线检测器基本技术指标： 波长范围：190～680nm 光谱带宽：8nm 波长示值误差：≤±1nm 波长重复性优于 0.1μm 基线噪音：≤±0.75×10^{-5}AU（静态） 基线漂移：≤2×10^{-4}AU（动态）	多环芳香烃检测仪器
上海海恒电仪表有限公司	XZ-0168 68 参数自来水检测仪	余氯：0～2.50mg/L，0.01mg/L 总氯：0～10.00mg/L，0.01mg/L DPD 余氯：0～2.50mg/L，0.01mg/L DPD 总氯：0～2.50mg/L，0.01mg/L 臭氧：0～2.50mg/L，0.01mg/L 二氧化氯：0～2.00mg/L，0.01mg/L 低色度：0～100.00CU，0.01PCU 高色度：0～500.00CU，0.01PCU 低氨氮：0～10.00mg/L，0.01mg/L 高氨氮：0～50.00mg/L，0.01mg/L 磷酸盐：0～2.00mg/L，0.01mg/L 硫酸盐：0～300.00mg/L，0.01mg/L 溶解氧：0～12.00mg/L，0.01mg/L 亚硝酸盐：0～0.30mg/L，0.01mg/L 硝酸盐氮：0～20.00mg/L，0.01mg/L 等	用于测定饮用水中的浊度、色度、悬浮物、余氯、总氯、化合氯、二氧化氯、溶解氧、氨氮、亚硝酸盐、铬、铁、锰、铜、镍、锌、硫酸盐、磷酸盐、硝酸盐氮、阴离子洗涤剂、臭氧等参数 可广泛用于水厂、食品、化工、冶金、环保及制药行业等部门，是常用的实验室仪器

5.6.7 抗生素含量检测及仪器

抗生素（Antibiotics）是由微生物（包括细菌、真菌、放线菌属）等高等动植物在生活过程中所产生的具有抗病原体或其他活性的一类次级代谢产物，能干扰其他生物细胞发育功能的化学物质。

包含对象：土霉素、四环素、强力霉素、环丙沙星、诺氟沙星、磺胺甲基异恶唑等。

抗生素的主要来源：主要来自生活、工业（污水厂）排放的污水、医院和药厂排放的废水，水产养殖废水以及垃圾填埋场等也含有大量的抗生素类药物。

主要特性及危害：具有 COD 浓度高、色度及味度大、硫酸盐浓度高、难于生物降解等特点[7]。抗生素药物大量排入水环境中，可形成“假性持久性”污染，可诱导产生大量耐药性致病菌，成为环境中的新污染源。总之随着抗生素含量的增加水的重复利用率降低。表 5.11 是关于这方面的厂家及仪器的介绍。

表 5.11　抗生素检测仪厂家及产品

厂家	仪器型号	仪器主要参数	主要测试对象/应用领域
江苏天瑞仪器股份有限公司	LC-MS 1000 液相色谱质谱联用仪	质量范围：m/z 10～1100 质量准确度：±0.20amu（在扫描模式的校正质量范围内） 质量的稳定性：0.2amu/24h（在恒温±3℃条件下） 扫描速率：标准模式 1000amu/s，快速扫描模式 10000amu/s SIM 信噪比：ESI，200ul/min，选择性离子扫描 正离子模式：10pg 利血平，S/N≥50:1 RMS 负离子模式：10pg 氯霉素，S/N≥20:1 RMS 定性重复性：RSD≤3% 多通道采集：在一次采集中各次扫描之间可以采用四种不同采集模式的功能	应用于生物医药、环境监测、食品安全、化工等领域

续表

厂家	仪器型号	仪器主要参数	主要测试对象/应用领域
菏泽海大仪器设备有限公司	海大 HD-JD	检测精度：0.1 检测低限：0～100 测定时间：2s 通道数：1 供电电源：220V	农药残留、兽药残留、抗生素残留检测仪 适用样品：海干食品、水发食品、膨化食品、水产品、饮料、肉制品、粮食、食用油、调料、饮用水
深圳容金科技股份有限公司	美国 Abraxis 磺胺甲基异噁唑检测试剂盒	200mg/mL	试剂盒适用于定量检测水样中磺胺甲基异噁唑及其类似物的含量。对于土壤、庄稼和食品等样品也可应用
欧柯奇 7883	OK-KS96抗生素残留检测仪	波长范围：340～1100nm 测量通道：96通道光纤检测系统 分辨率：0.00Abs 测量范围：±0.005A 重复性：CV≤0.5% 灵敏度：≥0.010A 示值误差：±0.015A 通道差异：≤0.020A 适应性：≤0.005A 波长准确度：±2nm 重量：11kg 电源：AC 220V±22V，50Hz±1Hz 输入功率：100VA	兽药残留类（水产安全检测项目） 抗生素残留类：氯霉素、青霉素、阿灭丁、双甲脒、阿莫西林、安苄西林、氨丙林、安普霉素、阿散酸、阿维菌素、甲基吡啶磷、氮哌酮、杆菌肽、苄青霉家、头孢噻呋、克拉维酸、氯羟吡啶
苏州快捷康生物技术有限公司	快捷康生物 kjkA008B	灵敏度：15ppb	本产品为诺氟沙星药物胶体金快速检测卡，用于定性检测包括乳制品、鸡、猪等禽肉类以及鱼、虾、蟹等水产品中诺氟沙星药物残留。整个检测过程只需要3～5min

5.7 本章小结

本章在第 3 章和第 4 章的基础上，论述了地表水和地下水的水质信息监测技术。首先，研究了水质检测的国内外现状，探讨了水质监测实施阶段普遍面临的问题；然后，叙述了水质监测的意义，介绍了地表水和地下水的水质采样要求、监测方法及监测项目；最后，详细介绍了主要的水质监测的指标、检测仪厂家及产品。

第6章　滑坡监测技术及设备

6.1　滑坡监测技术现状

按监测对象的不同，滑坡监测可分为四大类：形变位移监测、物理场监测、地下水监测和外部诱发因素监测。这四大类监测又可分为若干小类，每类监测采取的方法手段不同，使用的仪器不同，获取的参数也不同。

6.1.1　形变位移监测

1. 地面绝对位移监测

地面绝对位移监测是应用大地测量法来测得崩滑体测点在不同时刻的三维坐标，从而得出测点的位移量、位移方向与位移速率。主要使用经纬仪、水准仪、红外测距仪、激光仪、全站仪和高精度 GPS 等。利用多期遥感数据或 DEM 数据也可对滑坡、泥石流等灾害体进行监测。还可利用合成孔径干涉雷达 InSAR 测量技术进行大面积的滑坡监测。2006 年至今，中国地质调查局与加拿大地质调查局合作，在四川西部的甲居寨滑坡进行了 GPS 和 InSAR 的联合监测，GPS 提供连续的水平位移监测，InSAR 提供每月一次的垂直位移监测，取得了良好的监测效果，通过实践还证明 InSAR 技术在川西高陡山区判定新滑坡时具备良好的功效。视频监测是近期发展的一种滑坡监测技术，可以通过定点照相或录像，监测滑坡、崩塌、泥石流的整体或局部变化情况，其原理是通过数字图像处理方法识别标志点，从而实现视频数据中灾害体的自动识别，并判断规模大小。

2. 地面相对位移监测

地面相对位移监测是测量崩滑体变形部位点与点之间相对位移变化的一种监测方法。主要对裂缝等重点部位的张开、闭合、下沉、抬升、错动等进行监测，是位移监测的重要内容之一。目前常用的监测仪器有振弦位移计、电阻式位移计、裂缝计、变位计、收敛计、大量程位移计等。使用 BOTDR 分布式光纤传感技术也可进行监测。近来有人使用三维激光扫描仪进行滑坡体表面监测，与 GPS、全站仪等数据相结合，能达到很好的精度。特别是在滑坡急剧变形阶段，过大的变形会破坏各种监测设施，在这种情况下采用三维激光扫描测量来快速建立滑坡监测系统，可以满足临滑预报要求。

3. 深部位移监测

深部位移监测方法是先在滑坡等变形体上钻孔并穿过滑带以下至稳定段，定向下入专用测斜管，管孔间环状间隙用水泥砂浆（ 适于岩体钻孔）或砂土石（ 适于松散堆积体钻孔）回填固结测斜管，下入钻孔倾斜仪，以孔底为零位移点，向上按一定间隔测量钻孔内各深度点相对于孔底的位移量。常用的监测仪器有钻孔倾斜仪、钻孔多点位移计等。

6.1.2 物理场监测

物理场监测包括应力监测、应变监测、声发射监测等。应力监测是因为在地质体变形的过程中必定伴随着地质体内部应力的变化和调整。所以监测应力的变化是十分必要的。常用的仪器有锚杆应力计、锚索应力计、振弦式土压力计等。

应变监测是在钻孔、平硐、竖井内，监测滑坡、崩塌体内不同深度的应变情况。可采用埋入式混凝土应变计，这是一种钢弦式传感器，或管式应变计。

声发射监测是对声信号的监测。如泥石流次声报警器就是通过捕捉泥石流源地的次声信号而实现预警的，次声信号以空气为介质传播，速度约每秒 344m，其信号衰减极小并可通过极小缝隙传播。据观测，其警报提前量至少 10min 以上，最多可达 0.5h 以上。

6.1.3 地下水监测

地下水是对滑坡的稳定状态起直接作用的最主要因素，所以对地下水位、孔隙水压力、土体含水量等进行监测十分重要。常用的监测仪器有水位计、渗压计、孔隙水压力计、TDR 土壤水分仪等。

6.1.4 外部触发因素监测

滑坡的触发因素一般有地震、降雨量、冻融、人类活动这几类。

1. 地震监测

地震一般由专业台网监测。当地质灾害位于地震高发区时，应经常及时收集附近地震台站资料，评价地震作用对区内崩滑体稳定性的影响。

2. 降雨量监测

降雨是触发滑坡的重要因素，因此雨量监测是滑坡监测的重要组成部分，也是区域性滑坡预报预警的基础和依据。现阶段一般采用遥测自动雨量计进行监测，技术已较成熟。

3. 冻融监测

在高纬度地区，冻融作用也是触发滑坡的因素之一，如陕北很多黄土滑坡和崩塌就发生在春季冻融之际。对于冻融触发的地质灾害，目前还没有好的专业性监测仪器，可通过地温计和孔隙水压力计监测，研究地温变化与冻结滞水之间的关系，目前我国地调局西安地质调查中心对甘肃黑方台滑坡正在进行这项工作。

4. 人类活动监测

人类活动（如掘洞采矿、削坡取土、爆破采石、坡顶加载、斩坡建窑、灌溉等）往往诱发地质灾害，应监测人类活动的范围、强度、速度等。

由于地面形变的绝对位移和相对位移监测是最基本的滑坡常规监测方法，因此，本文的滑坡监测主要讨论地面形变监测。地面形变监测一般又分为外部形变监测和内部形变监测。外部形变监测一般利用测量仪器和专用仪器，采用大地测量方法对工程建筑物的表面变形现象进行监测。内部形变监测一般指对坝体、坝基（肩）、边坡、地下室等工程及岩体内部（或深层）变形进行监测。

6.2 外部形变监测

6.2.1 外部形变监测的主要内容

外部形变监测工作是安全监测工作中的一部分，对大型水利水电工程来说外部形变监测工作一般有以下内容。

1. 水平位移监测

水平位移监测是对水工建筑物的顺水流方向或者顺轴方向的水平位移监测。常用的方法有两大类：基准线法和大地测量法。基准线法是通过一条固定的基准线来测定监测点的位移，常见的有视准线法、引张线法、激光准直法、垂线法。大地测量方法主要是以外部变形监测控制网为基准，测定被监测点的大地坐标，进而计算被监测点的水平位移，常见的有交会法、精密导线法、三角测量法和GPS观测法等。

2. 垂直位移观测

垂直位移观测是对水工建筑物的垂直方向的位移变化进行监测，用于了解水工建筑物各监测部位位移变化。常用的方法有几何水准测量法、三角高程测量法、液体静力水准法等。

3. 扰度观测

扰度观测一般用于砼坝，以坝体内置的铅垂线为基准，测量坝体的不同高度相对位置变化，以测定各点的水平位移，从而确定坝体的挠曲变化。

4. 裂缝观测

裂缝观测是对建筑物产生的裂缝及库岸边坡裂缝位置、长度、深度等进行观测，以了解裂缝的变化。一般采用丈量方法、裂缝计等进行观测。

6.2.2 外部形变监测的常用仪器设备

外部形变监测常用的仪器设备主要分两大类：一类是专用设备，另外一类是大地测量用仪器。

1. 专用设备

专用设备主要是针对正倒垂、引进线等专用装置配置的测读设备，如用于正倒垂观测的垂线坐标仪、用于引进线观测的电容式测读仪等。

2. 大地测量用仪器

大地测量用仪器主要用于平面位移监测和垂直位移监测。现在常见的有GPS、全站仪、水准仪及其他设备。

6.3 内部形变监测

6.3.1 内部形变监测的主要内容

内部形变监测工作主要有以下内容。

1. 坝基（肩）、边坡、地下室等岩石工程内部形变监测

坝基（肩）、边坡、地下室等岩石工程内部及深层的水平、垂直及任意方向的位移，洞室围岩表面收敛变形，以及基础和机构物体等倾斜变形等通常采用测斜仪、多点位移计、滑动测微计、岩基变形计、倾斜计及收敛计等仪器进行监测。

2. 土石坝、面板堆石坝、围堰混凝土防渗墙及堤防等堤坝内部形变监测

土石坝（心墙）、面板堆石坝、围堰混凝土防渗墙及堤防等堤坝内部水平、垂

直（沉降）位移，以及面板（混凝土面板堆石坝）扰度变形等，通常采用引张线水平位移计、倾斜仪、各类分层沉降仪（水管式、电磁式、干簧管式及弦式沉降仪）以及土体位移计等仪器进行监测。

3. 混凝土坝体（块）间施工裂缝、混凝土与基岩界面接缝等形变监测

混凝土坝体（块）间施工裂缝、混凝土与基岩界面接缝形变、堆石坝面板周边裂缝以及岩体、混凝土工程随机裂缝等单向、多向位移等通常采用单向及多向位移计（内部及表面）等进行监测。

此外，混凝土坝（重力坝、拱坝等）坝体内部其他变形，如垂线（正、倒垂线）、引张线、真空（大气）激光垂直、静力水准、双金属标等位移监测，通常划归为外部形变监测，可以参考 6.1 章节内容。

6.3.2 内部形变监测布置及常用仪器设备

根据内部形变监测及监测仪器类型、特点和应用范围的差异，各类监测仪器的布置应在其监测设计与布置的整体框架下进行。下面是一些常见的内部形变监测的常用仪器设备及其布置要点。

1. 测斜仪（计）类

测斜仪是 20 世纪 80 年代初由国外引进的，也是当前内部形变监测应用较广泛的监测设备之一。根据测斜仪类别不同可实现水平位移、垂直位移和斜面（面板）扰度监测。按照监测内容和仪器结构形式不同又可分为垂向测斜仪（常用）和水平测斜仪。垂向测斜仪用来监测水平方向位移；水平测斜仪用来监测垂直方向位移。根据埋设及操作方式不同又可分为滑动式测斜仪和固定式测斜仪两大类。目前广泛应用的是垂向测斜仪中的滑动式测斜仪。其广泛应用的原因是该类测斜仪携带方便，并且一套仪器可多孔使用，监测成本较低。

（1）滑动式测斜仪。

滑动式测斜仪分为垂直方向和水平方向两类。其中，垂直向滑动式测斜仪主

要应用于坝基（肩）、边坡、深基坑开挖边坡，地下洞室以及土石坝（心墙、堆石体）、围堰防渗墙及堤防等堤坝内部垂直方向的变形监测。而水平方向滑动式测斜仪主要应用于岩土工程及结构物基础的垂直（沉降）变形监测，但目前应用工程较少。

（2）固定式测斜仪。

固定式测斜仪也分水平方向和垂直方向，其中垂直方向一般布置在已确定或预测有明显倾斜或者位移发生的区域，固定测斜仪由若干个传感器成串安装在横跨这些区域的测斜管内。此外，在堆石坝面板扰度变形监测及堤坝水平、垂直（沉降）变形监测中，也可以根据工程需要选择关键监测断面呈水平或者垂直布置，等间距或不等间距布置多个传感器。

（3）梁式测斜仪、倾斜计。

梁式测斜仪和各式倾斜计（固定式、便携式）宜布置在边坡、坝体以及其他结构物中的中、上部，以及基础等可能发生较大倾斜变形的部位，其中梁式测斜仪和固定式倾斜计测试精度高，可实现自动化监测；而便携式倾斜计可重复使用，仅消耗倾斜盘，并且安装和观测方便，可多设测点，但测点应布置在观测人员方便到达的部位。

2. 多点位移计

多点位移计的工作原理是当相对埋设于钻孔内不同深度的锚头发生位移时，经测杆将位移传递到测头内的位移传感器，就可以获知测头相当于不同锚固点深度的相对位移。其再经过换算，可得到沿钻孔不同深度的岩体（或结构体）的绝对位移。钻孔内最深锚头要求埋设在岩（土）体相对不动点深度。

多点位移计主要应用于坝基（肩）、边坡、地下洞室等岩石内部的任意方向不同深度的轴向位移及分布的变形监测仪器，仪器精度较高，且可实现自动化监测、遥测及报警。多点位移计是埋设在岩体孔内部，实现内部及深层位移监测的，其可以监测任意孔方向的不同深度的轴向位移及分布，从而了解岩体形变及其松动范围，为合理确定岩体加固参数及稳定状态提供依据。

多点位移计是由侧头、传感器、读数仪、测杆、锚头等五部分组成的。传感器分为电测式和机械式两大类。其中，电测式具有测试速度快、精度高和可遥测等优点；而机械式简单可靠，不能实现遥测及自动化。电测式传感器主要有振弦式、线性电位计和差动电阻式等。机械式采用深度千分尺测读。目前采用最多的是振弦式传感器、不锈钢测杆及灌浆式锚头组合。

6.4 滑坡监测的主要传感器及参数

6.4.1 GPS 与全站仪

GPS 作为现代大地测量的一种技术手段，可以实现三维大地测量，作业简单方便，具有测站间无需通视、能同时测定点的三维位移、不受气候条件的限制、易于实现全系统的自动化、可消除或削弱系统误差的影响和可直接用大地高进行垂直形变测量等优点。特别是在滑坡监测中，GPS 技术主要关注两期监测中所求监测点坐标之间的差异，而不是监测点本身的坐标。这样两期监测中所含的共同系统误差不会影响所求的监测点变形量，因此，GPS 技术在变形监测中迅速得到了推广，成为一种新的具有应用前景的滑坡监测方法。

全站仪是一种集光、机、电为一体的高技术测量仪器，是集水平角、垂直角、距离（斜距、平距）、高差测量功能于一体的测绘仪器系统。因其一次安置仪器就可完成该测站上全部测量工作，所以称之为全站仪。全站仪具有角度测量、距离（斜距、平距、高差）测量、三维坐标测量、导线测量、交会定点测量和放样测量等多种用途。全站仪广泛用于边（滑）坡和地下隧道等精密工程测量或变形监测领域。

对 GPS 与全站仪设备主要调研了以下几家公司产品：瑞士徕卡，日本索佳；北京基康、上海华测创时。各公司 GPS 与全站仪的型号和主要参数见表 6.1。

表6.1 GPS和全站仪设备一览表

厂家	型号	仪器主要参数
瑞士徕卡	GPS GMX901 plus（原装进口）	1．测量精度：（3+0.5）ppm 2．信号通信方式：无线通信 3．其他：超低功耗，易于野外供电
基康仪器股份有限公司	GPS（BGK-2800-GSDM）（组装）	1．测量精度。平面：优于±3.0mm+1×10^{-6}D；高程：优于±5.0mm+1×10^{-6}D 2．信号通信方式。有线通信：RS485/RS422；光纤通信：基于RS485或TCP/IP；无线通信：无线局域网（WLAN/Wi-Fi）；无限广域网：（COMA/GPRS/3D等） 3．其他。解算周期：5min（最低）；实验条件下解算精度：平面（优于±1.0mm+1×10^{-6}D）；高程（优于±2.0mm+1×10^{-6}D，支持实时动态和静态解析两种模式）；单解算站点容纳测点数：30个；基准点测点最大距离：10km；结果数据输出速率：1Hz（默认），最高可选20Hz；供电方式：220V交流电/12V太阳能、风力发电
上海华测创时测控科技有限公司	GPS HC-M300（国产）	1．测量精度。单点定位精度：1.5m（RMS）；静态精度：水平［±(2.5+$1\times10^{-6}\times$D)mm］，垂直［±(5+$1\times10^{-6}\times$D)mm］ 2．信号通信方式：无线通信，支持：GBridge/gprs/bd/Micorwave 3G/4G扩展通信 3．其他：信号198通道
瑞士徕卡	全站仪TM50（原装进口）	1．测距精度（圆棱镜）：0.6mm+1ppm 2．测程：棱镜测量3500m，免棱镜1000m 3．软件：满足二次开发 4．ATR智能目标识别：ATR智能目标识别距离3000m，最小棱镜分辨间距200m处0.3m 5．全天候无间歇工作：满足 6．自动监测功能：配备与全站仪同品牌原装远程自动监测软件；包括监测、计算、分析、告警模块；一套软件同时远程控制多台仪器 7．气象改正：配置气象传感器，能在监测软件中自动进行实时气象改正 8．图像系统：广角相机和望远镜相机
	全站仪TS30（原装进口）	1．测距精度（圆棱镜）：0.6mm+1ppm 2．测程：棱镜测量3500m，免棱镜1000m 3．软件：满足二次开发 4．ATR智能目标识别：ATR智能目标识别距离1000m，最小棱镜分辨间距200m处0.9m 5．全天候无间歇工作：满足 6．自动监测功能：未配备与全站仪同品牌原装远程自动监测软件；一套软件同时远程控制多台仪器 7．气象改正：无 8．图像系统：无

续表

厂家	型号	仪器主要参数
日本索佳	全站仪 MS05（原装进口）	1. 测距精度（圆棱镜）：0.8mm+1ppm 2. 测程：棱镜测量 3500m，免棱镜 100m 3. 软件：满足二次开发 4. ATR 智能目标识别：ATR 智能目标识别距离 1000m，最小棱镜分辨间距 200m 处 0.9m 5. 全天候无间歇工作：满足 6. 自动监测功能：未配备与全站仪同品牌原装远程自动监测软件；一套软件同时远程控制多台仪器 7. 气象改正：无 8. 图像系统：无

6.4.2 测斜仪

测斜仪是通过测量测斜管轴线与铅垂线之间夹角的变化量，来监测岩石、土等侧向位移的高精度仪器。测斜仪广泛用于天然和人工边（滑）坡滑动剪切面的位置和位移方向的确定。测斜仪分为便携式测斜仪和固定式测斜仪。便携式测斜仪分为便携式垂直测斜仪和便携式水平测斜仪；固定式测斜仪分为单轴测斜仪和双轴测斜仪。

对测斜仪主要调研了以下几家公司的产品：美国 AGI、日本 OYO、英国 SOIL；北京基康、天津奥优星通、上海华测创时、南京葛南、金坛天地。各公司测斜仪的型号和主要参数见表 6.2。

表 6.2 测斜仪一览表

厂家	型号	仪器主要参数
美国 JEWELL 公司（原 AGI 公司）	906 Little Dipper（原装进口）	1. 测量精度：1%F·S. 2. 测量范围：角量程，±12.5° 3. 信号输出方式：±2.5V DC 或者 0～5V DC 4. 其他。轴数：2 轴；响应时间：0.15s；工作温度：-10～+50℃；输出电压：±2.5V DC 或 0～5V DC；比例因子：大约 4°/V；温度传感器：输出为 0.1℃/mV，0mV=0℃（精度：±0.75℃）；输出电阻：270Ω，短路保护；电源要求：8～24V DC/7mA，最大纹波 Vp-p=250mV，电压极性反转保护，外部连接：多芯镀锡铜线电缆；尺寸及重量：9.5 英寸×1.55 英寸（241mm×39mm），0.75 磅（0.35 kg）

续表

厂家	型号	仪器主要参数
日本OYO公司	4473B（原装进口）	1．测量精度：±0.5%F·S. 2．测量范围：±10° 3．信号输出方式：4～20mA 4．其他。温度范围：−20～+80℃；供电电压：12V；输出电压：±3V@±10°；耐冲击：2000g；测量成分：直交*X*、*Y*二轴
英国SOIL公司	C12-1.6（原装进口）	1．测量精度：±0.05%F·S. 2．测量范围：±3°、±5°、±10°、±15° 3．信号输出方式：标准电流 4．稳定性。重复性误差：±0.01%F·S.；MBTF＞1400h 5．其他。探头长度：192mm；探头直径：32mm；连接管标准长度：1m、2m或3m；温度范围：−20～+80℃；测斜管内径尺寸：56～72mm；耐水压：2000kPa
北京基康仪器股份有限公司	BGK-6150（50m）（组装）	1．测量精度：±0.1%F·S.（量程的千分之一） 2．测量范围：±12° 3．信号输出方式：标准电流 4．稳定性：0.5%～0.3%（高于国标） 5．其他。温度范围：−20～+80℃；供电电压：12V；输出电压：±3V@±10°；耐冲击：2000g
天津奥优星通传感技术有限公司	4102（组装）	1．测量精度：±0.5%F·S. 2．测量范围：±30° 3．信号输出方式。输出电流：0～5mA 4．其他。温度测量范围：0～50℃
上海华测创时测控科技有限公司	HC-X336（国产）	1．测量精度：0.01° 2．测量范围。X/Y二维测量范围：±60° 3．信号输出方式：485输出 4．其他。温度范围：−40～80℃；外型尺寸（mm）：Φ32×200；支持温度显示
	HC-X336B（国产）	1．测量精度：0.01° 2．测量范围。X/Y二维测量范围：±60° 3．信号输出方式：485输出 4．稳定性。MTBF：WDT看门狗设计，保证系统稳定3000/h内置 5．其他。温度范围：−40～80℃；外型尺寸（mm）：Φ32×200；支持温度显示；15KV，ESD保护

续表

厂家	型号	仪器主要参数
南京葛南实业有限公司	GN-1（国产）	1．测量精度：分辨率：≤9″ 2．测量范围：±15° 3．信号输出方式：485 输出
	GN-1B（国产）	1．测量精度。分辨率：≤9″ 2．测量范围：±15° 3．信号输出方式：485 输出 4．其他：固定测斜仪
金坛市天地传感器有限公司	901E（国产）	1．测量精度：±2mm/20m 2．测量范围：±30° 3．信号输出方式：485 输出

6.4.3 裂缝计

滑坡裂缝的产生和扩展直接破坏岩土体结构的完整性，引起滑坡内部应力的急剧变化，导致滑坡的破坏失稳。裂缝计用来测量滑坡体表面裂缝开度或裂缝两侧间的相对移动，监测滑坡裂缝的动态变化情况。按其工作原理有差动电阻式裂缝计、电位器式裂缝计、钢弦式裂缝计、旋转电位器式裂缝计等。

对裂缝计主要调研了以下几家公司的产品：加拿大 ROCTEST、英国 SOIL；北京基康、天津奥优星通、上海华测创时、南京葛南、金坛天地等。各公司裂缝计的型号和主要参数见表 6.3。

表 6.3 裂缝计一览表

厂家	型号	仪器主要参数
加拿大 ROCTEST 公司	JM-S（原装进口）	1．测量精度：±0.1%F·S. 2．测量范围：25～250mm 3．信号输出方式：频率 4．其他。超载能力：量程的 125%；温度范围：-27～65℃；直径：9.6mm
英国 SOIL 公司	J1-1-100-T（原装进口）	1．测量精度：±0.2%F·S. 2．测量范围：30mm、50mm、100mm 3．信号输出方式：频率 4．其他。直径：9.6mm；温度范围：-20～+80℃

续表

厂家	型号	仪器主要参数
北京基康仪器股份有限公司	BGK-4420（国产）	1．测量精度：所选量程的0.1% 2．测量范围：12.5～250mm（可选量程） 3．信号输出方式：频率 4．稳定性：0.5%～0.3%（高于国标） 5．其他。非线性度：直线（≤0.5%F·S.）；多项式（≤0.1%F·S.）；灵敏度：0.025%F·S.；温度范围：-20～+80℃；标距：依量程而定
天津奥优星通传感技术有限公司	VJ400-50（国产）	1．测量精度：≤0.05%F·S. 2．测量范围：50mm 3．信号输出方式：频率
上海华测创时测控科技有限公司	HC-2415（国产）	1．测量精度：0.1mm 2．测量范围：100～200mm 3．信号输出方式：RS485 4．稳定性：传感器自带看门狗，支持远程复位启动 5．其他：传感器内置存储数据不小于1MB，传感器存储1600条数据；支持温度显示
	HCX336（国产）	1．测量精度：0.001° 2．测量范围：±30° 3．信号输出方式：RS485 4．稳定性：传感器自带看门狗，支持远程复位启动 5．其他。工作电压：DC 12V；传感器内置存储数据不小于1MB；传感器自带看门狗，支持远程复位启动；传感器存储1600条数据；支持温度显示
南京葛南实业有限公司	VWD-100（国产）	1．测量精度：≤0.04mm 2．测量范围：0～100mm 3．信号输出方式：频率模数输出 4．其他：智能识别，带测温功能
	VWD-150（国产）	1．测量精度：≤0.06mm 2．测量范围：0～100mm 3．信号输出方式：频率模数输出 4．其他：智能识别，带测温功能
金坛市天地传感器有限公司	TDLFJ70（国产）	1．测量精度：0.05%F·S. 2．测量范围：0～100mm 3．信号输出方式：频率
	TDLFJ70（国产）	1．测量精度：0.05%F·S. 2．测量范围：0～200mm 3．信号输出方式：频率
	TDDWJ70（国产）	1．测量精度：0.05%F·S. 2．测量范围：0～5mm 3．信号输出方式：频率

6.4.4 孔隙水压力计

孔隙水压力对岩土体变形和滑坡体稳定性有较大的影响。孔隙水压力计用以监测滑坡岩土体内孔隙水压力随时间的变化规律。按仪器类型可以分为差动电阻式、振弦式、压阻式及电阻应变片式等。

对孔隙水压力计主要调研了以下几家公司的产品：日本 OYO、加拿大 ROCTEST、韩国 GI、英国 SOIL；北京基康、天津奥优星通、上海华测创时、南京葛南、金坛天地等。各公司孔隙水压力计的型号和主要参数见表 6.4。

表 6.4 孔隙水压力计一览表

厂家	型号	仪器主要参数
日本 OYO 公司	4583B（原装进口）	1．测量精度：0.5%F·S. 2．测量范围：1～3.5MPa 3．信号输出方式：20mA 4．其他。材质：高级不锈钢；输入电压：10～15 V
加拿大 ROCTEST 公司	PW 系列（原装进口）	1．测量精度：±0.5%F·S.（±0.25%和± 0.1%选项） 2．测量范围：0.1～70MPa 3．信号输出方式：频率 4．其他。分辨率：0.1Hz（PALMETO VW）；温度：0.1℃；温度飘移：±0.1%F·S./℃；最大超载：两倍量程范围；外壳：袖珍型、推进式、EW 螺纹、螺纹式、厚壁式；材料：不锈钢；外径（mm）：19、33、19、28；长度（mm）：200、260、213、225；透水石：50 微米低气压烧结的不锈钢式，16 微米高气压的陶瓷式；测量范围：-40～65℃；热感应电阻热常量 1 分/℃（2 分/℉）；标准：双绞线 22AWG，IRC-41 屏蔽式
韩国 GI 公司	GI-PW（原装进口）	1．测量精度：± 0.1% F·S. 2．测量范围：0.2，0.35，0.5，0.75，1，1.5，2，3，5，7MPa 3．信号输出方式：频率 4．稳定性：±0.5% F·S. 5．其他。分辨率：±0.025% F·S.；温度飘移：± 0.1% F·S./℃；热敏电阻：3kΩ；工作温度：-20～+80℃ 透水石。不锈钢透水石：低进气性；信号电缆：四芯屏蔽电缆；外观尺寸（mm）：Φ19×160

续表

厂家	型号	仪器主要参数
英国SOIL公司	W9（原装进口）	1．测量精度：±0.1%F·S. 2．测量范围（MPa）：300、500、700、1000、1500、2000、4000 3．信号输出方式：频率 4．其他。材料：316不锈钢；直径：19mm；重量：190g
北京基康仪器股份有限公司	BGK-4500S（组装）	1．测量精度：所选量程的0.1% 2．测量范围：0.35～3MPa 3．信号输出方式：频率 4．稳定性：0.5%～0.3%（高于国标） 5.其他。非线性度：直线≤0.5%F·S.，多项式≤0.1%F·S.；灵敏度：0.025%F·S.；过载能力：50%；仪器长度：133mm；外径：19.05mm
	GK-4500S（原装进口）	其他参数相同，过载能力：100%
天津奥优星通传感技术有限公司	6020（国产）	1．测量精度：≤0.025%F·S. 2．测量范围：0～2.5MPa 3．信号输出方式：频率 4．其他：智能识别，带测温功能
上海华测创时测控科技有限公司	HC-1215（国产）	1．测量精度：≤0.025%F·S. 2．测量范围：0～2.5MPa 3．信号输出方式：频率 4．其他：智能识别，带测温功能
南京葛南实业有限公司	VWP系列（国产）	1．测量精度：≤0.025%F·S. 2．测量范围：0～2.5MPa 3．信号输出方式：频率 4．其他：智能识别，带测温功能
金坛市天地传感器有限公司	TDKYJ30（0～0.1MPa）（国产）	1．测量精度：≤0.05%F·S. 2．测量范围：0～0.1MPa，0～0.2MPa，0～0.3MPa，0～0.4MPa，0～0.5MPa 3．信号输出方式：频率

6.4.5 滑坡区域视频监控设备

滑坡区域视频监控是滑坡监测系统的重要组成部分。滑坡区域视频监控一般包括前端摄像机、传输线缆、视频监控平台。摄像机可分为网络数字摄像机和模拟摄像机，可进行前端视频图像信号的采集。滑坡区域视频监控是一种防范能力较强的综合系统。近年来，随着计算机、网络以及图像处理、传输技术的飞速发展，滑坡区域视频监控技术也有了长足的发展。

对滑坡区域视频监控设备主要调研了以下几家公司的产品：北京基康、上海华测创时、北京和普威视光电技术有限公司等。各公司滑坡区域视频监控设备的型号和主要参数见表6.5。

表6.5 滑坡区域视频监控设备一览表

厂家	型号	仪器主要参数
北京基康仪器股份有限公司	BGK-9140（国产）	1．像素分辨率：160×120，176×144，320×240，352×288，640×480，704×576 2．监测范围：一体化球形摄像机 3．供电方式：太阳能 4．传输方式：3G 5．其他。传输协议：PPP、IP、TCP、UDP、ICMP、DNS；传输速率：9600bps～57600bps；数据格式：8-N-1；供电方式：单晶硅60W太阳能电池板、12/60AH 免维护铅酸蓄电池；外部电源：直流 12V；摄像头：SONY980b、1/4“EXviewCCD；水平分辨率：彩色480线，黑白600线；最大有效像素：752（H），582（V）；最低照度：彩色0.8lux/f，黑白0.005 lux/f,；变焦率：6倍光学变焦，12倍数字变焦；信噪比：大于50db（AGC off)；装置防护等级：IP66
上海华测创时测控科技有限公司	DS7200（国产）	1．像素分辨率：VGA（640×480）分辨率实时图像 2．监测范围：360°旋转；支持宽动态范围达 8～10 倍，适合逆光环境监控超宽动态日夜型防暴半球网络摄像机；焦距4.3～86.0mm 3．供电方式：太阳能 4．传输方式：720P/50/电子快门50HZ：1/25～1/10000s 5．其他：支持定时启动预置点、花样扫描、巡航扫描、水平扫描、垂直扫描、随机扫描、帧扫描、全景扫描等功能
北京和普威视光电技术有限公司	BRC1930（国产）	1．像素分辨率。成像器件：1/2.8"靶面CMOS，200万像素，一体化ICR双滤光片日夜切换彩转黑CMOS 2．监测范围：昼800m，夜300m；视场角：55.2°～3.2° 3．供电方式：太阳能 4．传输方式。网络接口与协议：RJ45、10M/100M自适应以太网口、TCP/IP、RTP/RTCP、HTTP等多种协议 5．其他：激光开启方式：自动/手动；工作温度-35～55℃

6.4.6 数据采集仪

数据采集仪是连接各监测传感器和数据处理中心的一个关键部分。数据采集仪自动地从测量仪器中获取测量数据，将各监测传感器的模拟信息进行数字化，并进行记录、分析和计算，最后通过有线或者无线方式传输到数据处理中心。数据处理中心对数据进行分析和处理，将测量结果进行实时显示，形成相应的各类数据和图表。

对数据采集仪主要调研了以下几家公司的产品：日本 OYO、英国 SOIL、澳大利亚 DATATAKER、北京基康、天津奥优星通、上海华测创时、南京葛南、北京道冲、金坛天地。各公司数据采集仪的型号和主要参数见表 6.6。

表 6.6 数据采集仪设备一览表

厂家	型号	仪器主要参数
日本 OYO 公司	4680（原装进口）	1．通道数：2 通道 2．测量精度：±0.1% F·S. 3．存储容量：8GB 内存 4．测量信号类型：标准电流、标准电压 5．测量间隔：可调 6．通信方式：有线、GPRS/GSM 无线 7．其他。工作温度范围：-10～50℃；工作电压：DC 8～14V
	4684（原装进口）	1．通道数：4 通道，另加 1 脉冲通道 2．测量精度：±0.1%F·S. 3．存储容量：8GB 内存 4．测量信号类型：标准电流、标准电压 5．测量间隔：可调 6．通信方式：有线、GPRS/GSM 无线 7．其他。工作温度范围：-10～50℃；工作电压：DC 8～14V（标准 12V 电池供电）
英国 SOIL 公司	CR800（原装进口）	1．通道数：8 通道（含温度） 2．测量精度：±0.1%F·S. 3．存储容量：4GB 内存 4．测量信号类型：标准电流、标准电压 5．测量间隔：可调

续表

厂家	型号	仪器主要参数
英国 SOIL 公司	CR800 （原装进口）	6．通信方式：GPRS/GSM 无线模块 7．稳定性：能在各种环境下实施准确的测量；如网络信号不稳定，可实现二次自动重新获取；MBTF＞1400h 8．其他：超低功耗，内置 7Ah 电池，可连续使用 6 个月
澳大利亚 DATATAKER 公司	DT80G （原装进口）	1．通道数：15 通道（最多可扩展到 300 个模拟输入）；1 个继电器输出通道，4 个高速计数通道，1 个智能串行通道 2．测量精度：0.1% 3．存储容量：64MB 内存 4．测量信号类型：电压、电流、电阻、频率、热电偶等 5．测量间隔：>25Hz 6．通信方式：支持 SCADA 连接的 Modbus；支持 SCADA 连接的 Modbus 7．稳定性：钢制结构，适用于恶劣的环境；线性度 0.01% 8．其他：支持 Modbus 协议和 SDI-12 传感器网络，支持 WEB 浏览器访问数据，支持 USB 和以太网直接通信，支持 U 盘存储数据，可拆卸的螺口接线端，便于操作。所有通道都可以进行报警设置。支持 Windows 版软件。CEM、DT80 及无线模块
北京基康仪 器股份有限 公司	BGK-MICRO40 （国产）	1．通道数：24 通道或者 32 通道（可选） 2．测量精度。振弦式：频率（0.1HZ），温度（0.5℃）；差阻式：电阻比（0.0001），电阻和（0.02Ω）；标准模拟量：电压（0.02%F·S.），电流（0.05%F·S.） 3．存储容量：2MB 内存 4．测量信号类型：振弦式、差阻式、标准电压、电阻比（多种类型） 5．测量间隔：＜5s 6．通信方式：有线、无线、北斗卫星通信 7．稳定性。频率：±0.01Hz；温度：0.1℃ 8．其他。时钟精度：+1 分钟/月；工作温度：-20～+60℃；系统功耗：待机≤40mA；电源供电方式：DC 12～22V/AC 220V；电池：112V/7Ah
天津奥优星 通传感技术 有限公司	9020 （组装）	1．通道数：10 通道，另加 3 脉冲数据采集通道 2．测量精度：±0.1%F·S. 3．存储容量：基站存储 1G 4．测量信号类型：模拟型 5．测量间隔：自定义设置 6．通信方式：无线 GPRS 通信 7．其他：电压测量范围 DC ±2.5V
	9010 （组装）	1．通道数：10 通道，另加 3 脉冲数据采集通道 2．测量精度：±0.1%F·S. 3．存储容量：基站存储 1G 4．测量信号类型：数字式 5．测量间隔：自定义设置 6．通信方式：无线 GPRS 通信 7．其他：电压测量范围：DC ±2.5V

续表

厂家	型号	仪器主要参数
南京葛南实业有限公司	MCU-32 （国产）	1．通道数：4个通道（用户可根据传感器类型任意定制模块组合；主控可接入2雨量计、1温度计） 2．测量精度：0.5%F·S. 3．测量信号类型：电压式或振弦式传感器 4．测量间隔：可调 5．通信方式：GPRS
	GDA1802（4） （国产）	1．通道数：4通道（主控可接入2雨量计、1温度计） 2．测量精度：0.5%F·S. 3．测量信号类型：电压式或振弦式传感器 4．测量间隔：可调 5．通信方式：GPRS
上海华测创时测控科技有限公司	HC-C800 （国产）	1．通道数：最大负载40个通道（最大连线距离500m） 2．测量精度：0.1% 3．存储容量：64MB 4．测量信号类型：振弦式、电感式、电阻式、涡流式、差阻式、容栅式等 5．测量间隔：>25Hz 6．通信方式：RS232/485/RJ45/422；无线GPRS或CDMA 7．稳定性：无故障时间＞3000h；远程管理 8．其他。频率测量范围：600～4000Hz；波特率：9600bps；输入通信：modbus；供电：可选市电、太阳能、锂电器；功耗小于1.5W；输入电压220V/DC 12V/DC 24V；温度分辨率：0.1℃；工作温度范围：-40～+80℃；存储温度范围：-40～+125℃；
北京道冲公司	iCivil-M （组装）	1．通道数：2、4、8、16 2．测量精度：0.1Hz 3．存储容量：基站存储1G，采集节点可支持10000数据点 4．测量信号类型：振弦传感器 5．测量间隔：自定义设置 6．通信方式：无线433MHz 7．其他。无线数据采集基站iCivil-M用于与多个无线数据采集节点进行通信，拥有多种通信接口。可支持Wi-Fi、GPRS等多种通信方式。无线采集基站接收无线采集节点的数据，并通过Wi-Fi、GPRS将数据传输到远程服务器。iCivil-V 无线数据采集节点集振弦信号调解、信号处理、无线通信为一身。结构紧凑，内置可充电锂电池，四通道可接入4只振弦式传感器。无线数字信号传输可消除长距离导线传输带来的噪声干扰

续表

厂家	型号	仪器主要参数
金坛市天地传感器有限公司	300Z（国产）	1．通道数：64 通道 2．测量精度：0.5%F·S. 3．测量信号类型：电压式或振弦式传感器 4．测量间隔：可调 5．通信方式：有线或者无线通信

6.5 本章小结

本章主要研究和论述了滑坡监测技术及设备，探讨了滑坡监测的技术现状，首先研究水质检测的国内外现状，探讨了滑坡监测的地面形变监测，重点研究了地面形变监测的外部形变监测和内部形变监测。本章还对滑坡监测的主要传感器及参数进行了介绍，以达到为相关读者在实际应用提供帮助的目的。

第 7 章　渗流监测

7.1　概述

7.1.1　监测内容

渗流监测是对水工建筑物及其地基内有渗流形成的浸润线、渗透压力、温度、渗流量和渗水水质等的监测，主要为大坝在上、下游水位差作用下产生的渗流场的监测（包括渗压、扬压力、绕坝渗流及渗漏量）；地下洞室渗漏及外水压力监测；边坡工程、渗流及其地下水位监测。坝体、坝基渗流（压）监测主要是了解土石坝体和坝基渗透压力。混凝土坝的接缝渗漏和坝基扬压力，通常采用渗压计和测压管监测。绕坝渗流监测，通常布置在大坝的两岸坝肩及部分山体，以及深入到两岸山体的防渗齿墙或灌浆帷幕前、后等关键部位，以掌握地下水动态，评价其防渗效果。地下水位的监测，对评价近坝区滑坡体（岸坡）稳定性十分重要，一般采用测压管观测。地下洞室围岩的渗流状况及其外水压力是隧洞稳定的重要因素，一般采用渗压计观测。

研究水工建筑物的渗流监测有重要意义。如对于用来挡水的土石坝，在坝体和坝基部位产生渗流现象，当渗流量、渗透坡降等要素超过允许值时，会为大坝安全运行带来隐患，可能造成坝坡滑动，坝体、坝基出现渗漏、管涌、流土、踏坑等重大事故。而挡水的水工建筑物的失事将会给下游人民的生命财产安全及国家经济发展带来巨大的损失，且过量的渗漏会降低水资源的利用效率及水库效益[61]。又如对于地下水位的渗流监测对坝区滑坡体的稳定性具有重要意义，可以起到预知作用。因此，对各种水工建筑物进行渗流监测，充分发挥水库工程效益、防灾减灾，有重大的社会经济效益。

7.1.2 国内外现状

随着科学技术的发展，特别是计算机和微电子技术的大步发展，世界各国大力发展遥控仪器，并逐渐推广监测系统自动化。因此，渗流监测的范围和项目越来越多，监测系统总体上呈现出大规模化、智能化等特点。

国外渗流监测普遍采用分布式监测系统，即在监测现场布置多台小型化独立测量装置，分别对所监控中心计算机进行处理。目前具有代表性的国外分布式系统产品有加拿大 Roctest 公司的 SENSLOG 1000X 安全监测自动化数据采集系统，美国 GEOMATION 公司的 2300 系统和 SINCO 公司的 IDA 系统。SENSLOG 1000X、2300、IDA 系统等国外成熟系统多采用有线通信的方式将数据传输到监控中心，因为水工建筑物监测点比较分散，监测点到监控中心距离较远，采用有线通信不仅施工成本高，而且也不易于新监测点的扩展。

国内水工建筑物渗流监测起步较晚，从 20 世纪 50 年代开始经历了人工观测、集中监测、半自动监测、分布式自动监测等阶段。目前运用较成熟的有南京南瑞集团的 DAMS 系统和南京水文自动化研究所的 DG 系统[62]。

7.2 渗流监测的布置要求

下面针对坝体、坝基，绕坝渗流，渗流量及水质等方面讲解渗流监测的布置要求。

7.2.1 坝体、坝基

坝基渗流渗压监测一般根据建筑物的类型、规模、坝基地质条件和渗流控制的工程措施等进行设计布置，通常纵向监测断面1～2个，1级、2级坝横向断面至少3个。对混凝土坝而言，纵向断面宜布置在第一道防渗线上，每个坝段至少布设1个点。横向断面宜选择在最高坝段、地形或地质条件复杂地段，并尽量与变形、应力应变观测断面相结合。横向监测断面宜不少于3个，可用测压管或渗压计监测坝基扬压力，横断面间距一般为50～100m，如坝体较长、坝体结构和地质条件大体相同，则可以加大横断面间距。横断面测点一般不少于3个。另外，在混凝土坝水平施工缝、土石坝防渗体内及防渗墙幕后，通常根据需要设置渗流监测。

坝基深部渗透压力监测可根据坝基地质条件及存在的主要地质缺陷，有针对地布置测压管或渗压计。遇大断层或强透水带时，应沿可能的渗流方向布置测点。坝体渗透压力的监测，宜在上游坝面至坝体排水管之间，沿坝体两相邻排水管中间，顺水流方向与水平施工缝和上、下两层水平施工缝中间的坝体混凝土中，各布置一排渗压计，监测水平施工缝和坝体混凝土的渗透压力。

7.2.2 绕坝渗流

绕坝渗流监测主要设置在两岸坝端及部分山体等部分，测点的布置主要根据地形、枢纽布置、渗流控制及绕坝渗流区特性而定。一般在两岸的帷幕后沿流线方向分别布置2～3个监测断面，断面的分布靠坝肩附近较密，每条测线布置不少于3～4个测点，帷幕前一般仅布置少量测点。

7.2.3 边坡工程与地下洞室

边坡工程一般在对大坝安全有较大影响的滑坡体或高边坡进行渗流监测，应尽量应用地质勘察孔做地下水位监测孔。

地下洞室主要进行隧洞内水外渗或是外水内渗，以及隧洞外水压力的监测，它的布置主要根据水文及工程地质情况而定，通常在隧洞围岩的顶部、腰部及底部紧贴混凝土衬砌的围岩中布设。对查明有滑动面者，宜沿滑动面的倾斜方向布置1～2个监测断面。监测孔应深入到滑动面以下2m，若滑坡体内有隔水岩层，应分层布置测压管，同时做好层内隔水。若地下水埋深较深，可利用勘察平洞或专设平洞设置测压管进行监测。

7.2.4 渗流量监测与水质分析

渗流量监测包括渗透水的流量及水质监测。水质监测中包括渗漏水的温度、透明度和化学成分分析。渗流量监测系统的布置主要根据坝型和坝基地质条件、渗漏水的出流和汇集条件，以及所采用的测量方法等确定。对于坝体、坝基、边坡绕渗及导流（含减压排水孔、井和排水沟）的渗流量，应分区、分段进行测量（有条件的工程宜建截水墙或监测廊道），对排水减压孔（井）应进行单孔（井）流量、孔（井）组流量和总汇流量的监测。所有集水和量水设施均应避免各水干扰。

当下游有渗漏水出溢时，一般应在下游坝址附近设导渗沟（可分区、分段设置），在导渗沟出口或排水沟内设置量水堰测其出溢（明流）流量。当透水层较深，地下水低于地面时，可在坝下游河床中设置测压管，通过监测地下水坡降计算出渗流量。其测压管布置，一般在顺水流方向设两根，间距10～20m；垂直水流方向应根据控制过水断面及其渗透系数的需要布设适当排数。用于渗漏水温度以及透明度监测和化学分析水样的采集，均应在相对固定的出口或汇口进行。

水质分析应选择有代表性的排水孔或绕坝渗流监测孔，定期取水样进行水质分析，并与水库水质进行比较，若发现有析出物或有侵蚀性的水流出时，应取样进行全分析。具体的水质分析指标及分析方法见第5章。

7.3 渗流压及其地下水水位监测

7.3.1 渗流压测量相关规定

相关的监测对象已在“渗流监测的布置要求”中讲解，现在进一步讲解《土石坝安全监测技术规范》（SL 60－94）中关于坝体渗压监测，其中4.2.3.1条规定：“渗流压力观测仪器，应根据不同的观测目的、土体透水性、渗流场特征以及埋设条件等，选用测压管或振弦式孔隙水压力计。一般情况是：

（1）作用水头小于20m的坝、渗透系数大于或等于10^{-4}cm/s的土中、渗压力变幅小的部位、监测防渗体裂缝等，宜采用测压管。

（2）作用水头小于20m的坝、渗透系数小于10^{-4}cm/s的土中、观测不稳定渗流过程以及不适宜埋设测压管的部位（如铺盖或斜墙底部、接触面等），宜采用振弦式孔隙水压力计，其量程应与测点实有压力相适应。”

7.3.2 渗流压测量原理

渗流压通常称为渗压。渗压计也称为孔隙水压力计，是用于测量构筑物内部孔隙水压力或渗透压力的传感器，适用于长期埋设在水工建筑物或其他建筑物内部及其基础。如用于检测岩石工程和其他混凝土建筑物的渗透水压力，也可用于水库水位或边坡地下水水位的测量。按仪器类型可分为差动电阻式、振弦式、压阻式及电阻应变片等。下面讲解振弦式和差动电阻式仪器的基本原理。

振弦式和差动电阻式仪器都是由感受压力的弹性薄膜和密封腔内的电气感应组件组成。差别主要在电气感应组件不同，前者是利用钢弦的振动频率来感知压力，后者是利用电阻比的变化来感知压力。

1. 振弦式渗压计

（1）组成。

振弦式渗压计由透水石、承压膜、压力传感器、线圈、壳体和传输电缆等部分组成。当水压力经透水石传递至仪器内腔作用到承压膜时，承压膜连带传感元件一同变形，即可把液体压力转化为等同的电信号测量出来。通过预先率定仪器参数即可计算出渗透压力。

（2）工作原理。

渗压计算公式可用下式表示：

$$P = G(R_0 - R_1) + K(T_1 - T_0) - (S_1 - S_0) \tag{7-1}$$

式中：P 为渗透压力；G 为最小读数；K 为温度修正系数；R_0 为初始频率的平方；R_1 为频率平方；T_0 为基准温度值；T_1 为温度值；$(S_1 - S_0)$为对基准值得大气压力增量。式 7-1 中，对于密封腔与大气沟通的仪器，$(S_1 - S_0)$恒为 0。

假设不考虑大气压力影响，当温度恒定时，渗压与频率平方差成正比。假设不考虑大气压力影响，当输入恒定，即渗压增量 $P=0$ 时，输出与频率平方差成正比，这个输出的变化是由温度变化引起的，与温度增量成线性关系，其值为 $G(R_0 - R_1) = -K(T_1 - T_0)$。于是，有温度修正系数 $K = -G(R_0 - R_1)/(T_1 - T_0)$，如果不考虑温度增量的影响，这个输出的变化就是温度变化引起的系统误差。

2. 差动电阻式渗压计

（1）组成。

差动电阻式渗压计是渗透水压力自进水口经透水石作用于感应弹性膜片上，引起感应膜片位移，从而使其敏感组件上的两根电阻丝电阻值发生变化，其中一根 R_1 减小（增大），另一根 R_2 增大（减小），相应电阻比发生变化，通过电阻比指示仪测量其电阻比变化而得到渗透压力的变化量。渗压计可同时测量电阻值的变化，经换算即为测点处的温度测值（图 7.1）。

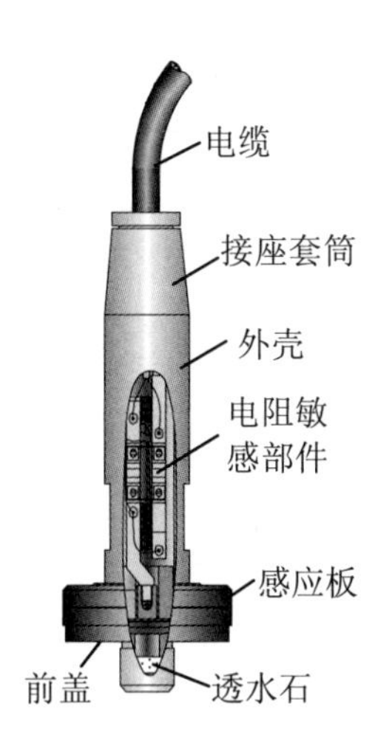

图 7.1　差动电阻式渗压计结构示意图

（2）原理。

渗压计算公式可用下式表示：

$$P = f(Z_1 - Z_0) - b(T_1 - T_0) \tag{7-2}$$

式中：f 为最小读数；b 为温度修正系数；$(Z_1 - Z_0)$ 为电阻比增量；$(T_1 - T_0)$ 为温度增量。与式 7-1 形式类似，只是渗压规定为负号与振弦仪器相反。差动电阻式仪器不考虑大气压力影响[63]。表 7.1 是部分厂家渗流压测量仪器的介绍。

表 7.1　渗流压测量仪器

厂家	仪器型号	仪器主要参数	主要测试对象/应用领域
四川葛南仪器有限公司	振弦式渗压计 VWP 型	以 VWP-1 型号进行讲解： 最大外径 D：30mm 长度 L：140mm 测量范围：0～160kPa 灵敏度 k：≤0.072kPa/F 测量精度：±0.1%F·S. 温度测量范围：-40～+120℃ 温度测量精度：±0.5℃ 温度修正系数 b：±0.12kPa/℃ 耐水压：1.2 倍 MPa 绝缘电阻：≥50MΩ	使用于长期埋设在水工结构物或其他混凝土结构物及土体内，测量架构物或土体内部的渗透（孔隙）水压力，并可同步测量埋设点的温度。渗压计加装配套附件可在测压管道、地基钻孔中使用

续表

厂家	仪器型号	仪器主要参数	主要测试对象/应用领域
辽宁塞亚斯科技有限公司	微型渗压传感器XY-WXSY0A型号：LY-350	测量范围：用户自定（MPa） 分辨率：≤0.05%F·S. 外形尺寸Φ：32×16（mm） 接线方式：输入→输出（AC→BD） 阻抗：350Ω 绝缘电阻：≥200MΩ	适用于模型试验、软土路基、沥青浇注、桶体流沙、挡土墙、管道流体等各种界面处的接触压力和土中应力
北京金时速仪器设备	JSS/金时速渗压计	分辨率：0.02%F·S. 精度：±0.1%F·S. 规格：0.1、0.2、0.3、0.4、0.5、0.6、0.8、1.0（MPa） Φ64×230 非线性：≤±1.5%F·S. 重复性：≤±0.5%F·S. 滞后性：≤±0.5%F·S. 分辨率：≤±0.2%F·S. 满量程输出：≥500Hz 温度漂移：≤0.1F·S./℃ 零点漂移：≤0.5%F·S. 综合误差：≤2.0%F·S. 温度范围：-10～+50℃ 绝缘电阻：≥500MΩ	监测对象：孔隙渗水压力，以确定边坡及基坑的安全系数、填土稳定性；基坑排水系统的效果；垂直排水和沙井排水地基处理系统的效果；孔隙渗水压力，以监测充填土坝和堤岸的形态；孔隙渗水压力，以监测填土区和尾沙坝的形态
基康仪器股份有限公司	一体化渗压监测型号：BGK-9060	量程：70kPa、170kPa0.35、0.7、1、2、3MPa 非线性度：直线（≤0.5%F·S.） 多项式：≤0.1%F·S. 灵敏度：0.025%F·S. 过载能力：50% 长度：133mm	主要用于监测滑坡体、堤坝的孔隙水压力或液体液位
北京亚欧德鹏科技有限公司	差阻式渗压计型号：DP-SZ-16	测量范围：1.6MPa 最小读数 f：<0.012MPa/0.01% 温度测量范围：0～+40℃ 温度测量精度：±0.5℃ 允许接长电缆：2000m 绝缘电阻：>50MΩ 最大外径Φ：31mm 仪器长度：140mm	用于混凝土坝，可测量坝体和坝基的扬压力，土石坝和边坡，可测土体孔隙水压力或渗透压力，并能兼测埋设点的温度，也可用于水库水位或地下水水位的测量

7.3.3 地下水水位监测内容及原理

地下水资源较地表水资源复杂，因此地下水本身质和量的变化以及引起的地下水环境条件和地下水运移规律不能直接观察。同时，地下水的污染以及地下水超采引起的地面沉降是缓变型的，一旦积累到一定程度，就成为不可逆的破坏。因此准确开发保护地下水就必须依靠长期的地下水监测，及时掌握动态变化情况。

根据压力与水深成正比关系的静水压力原理，运用水压敏感集成元器件做的压力式水位计，当传感器固定在水下某一测点时，利用该测点以上水柱压力高度加上该点高程，即可间接地测出水位高低；核心在于压力式敏感集成元器件；另外内置温度传感器，对外界温度影响产生的变化进行温度修正；每个传感器内部有计算芯片，自动对测量数据进行换算而直接输出物理量，减少人工换算的失误和误差。表7.2为各厂家地下水位监测仪器及其各技术指标的介绍。

表7.2 地下水位监测仪器

厂家	仪器型号	仪器主要参数	主要测试对象/应用领域
亿拓传感科技	水位计 型号：YT-YL-0309	量程：90m 分辨率：1dm 温度范围：-20～80℃ 外型尺寸：直径（32mm）；长（250mm）	用于测量各种环境下水位的变化
深圳市东方万和仪表有限公司	静压式液位变送器 型号：WH311	外形尺寸：160×80×125（mm） 重量：1kg 测量范围：0～500m 输出信号：4～20mA 材质：不锈钢 工作温度：-10～70℃ 精确等级：0.1%F·S.	用于地下水位的测量

续表

厂家	仪器型号	仪器主要参数	主要测试对象/应用领域
南京迈捷克科技有限公司	美国迈捷克地下水位自动监测记录仪	温度传感器：半导体 温度量程：-40～+80℃ 温度分辨率：0.1℃ 温度精确度：0.5℃（0～+50℃） 压力传感器：半导体 水位量程：0～30″ 水位分辨率：0.02″ 精确度：0.3%max@25℃（在量程范围内） 数据容量：16383 组/通道 采样速率：2s～12h 接口电缆：IFC200 传输速率：2400 电池寿命：一年（一般、25℃环境下） 操作环境：-40～+80℃，0～100%RH 潜水性：有 材料：303 不锈钢 尺寸。潜入端：9.1″×1.25″dia（232mm×32mm dia） 外部接口：7.1″×1.2″dia（181mm×31mm dia） 附加通信电缆线重量：3lb（1.4kg）	用于地下水位、水温的监测
福建庆烨电子有限公司	压力式水位计	水位量程：0～5m，0～10m 或定制 测量精度：0.25%F·S. 信号输出：4～20mA 工作温度：-10～80℃ 外壳防护等级：IP68	用于水位的测量
唐山平升电子技术开发有限公司	地下水位监测 型号：DATA-9201	水位计技术规格： 尺寸：直径 22mm，长度 154mm 重量：179g 外壳材质：氮化镐 压力传感器材质：陶瓷 采样频率：0.5s～99h 内存：2×40000 个数据 电池寿命：8～10 年 温度范围：-20～80℃ 精度：±0.05℃ 分辨率：0.003℃ 温度补偿范围：-10～40℃ 深度范围：5、10、20、30 和 100m 五种可选 精度：±0.05%F·S. 分辨率：0.001%F·S.（5m、10m），0.0006%F·S.（20m，30m、100m）	由 4 部分组成：监测中心、通信网络、微功耗测控终端、水位监测记录仪。目的是测量地下水位

7.4 渗流量监测

7.4.1 观测方法及设施

渗流量观测根据渗流量的大小和汇集条件选用如下几种方法：

（1）当流量小于 1L/s 时采用容积法。

（2）当流量在 1～300L/s 时采用量水堰法。

（3）当流量大于 300L/s 或不能设量水堰时，将渗漏水引入排水沟中，采用流速法或超声波流量计测量，这种方法在实际工程中应用较少。

1. 容积法

观测流量时，需将渗流水引入容器内（如量筒等），测定渗流水容积和充水时间（一般为 1min，且不得少于 10s），即可求得渗流量。

2. 量水堰法

常用的有三角堰、梯形堰和矩形堰。一般为三角堰，各种量水堰的堰板一般采用不锈钢板制作，各量水堰与堰板结构如图 7.2 所示。

（1）三角堰。适用于流量在 1～70L/s 之间，三角形堰缺口为一等腰直角三角形，堰上水头约为 50～300mm。

（2）梯形堰。适用于流量在 10～300L/s 之间，常用 1:0.25 的边坡，底（短）边宽度 b 应小于 3 倍堰口水头 H，一般在 0.25～1.5m 之间。

（3）矩形堰。适用于流量>50L/s，堰口 b 应为 2～5 倍堰上水头 H，一般在 0.25～2.0m 之间。矩形堰分为无侧向收缩和有侧向收缩两种。

用于观测堰上水头的仪器设备有：水尺、水位测针或量水堰水位计。水尺精度不低于 1mm，水位测针或量水堰水位计精度不低于 0.1mm。测流速法观测渗流量的测速沟槽应是长度不小于 15m 的直线段，且断面一致，保持一定纵坡，不受其他水干扰。

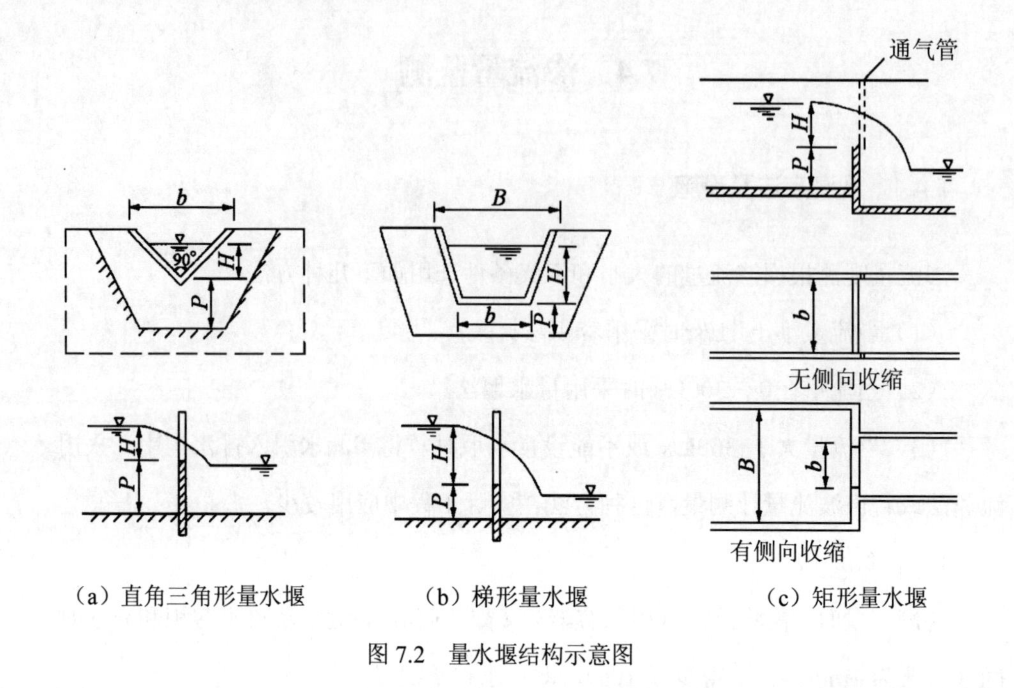

图 7.2　量水堰结构示意图

3. 流速法

观测渗流量的测速沟槽应是长度不小于 15m 的直线段，且断面一致，保持一定纵坡，不受其他水干扰。

7.4.2　安装埋设

（1）量水堰一般设在排水沟的直线段上，堰身采用矩形断面，堰板应为不锈钢材料。

（2）堰槽段的尺寸及其与堰板的相对关系应满足如下要求：

堰槽段全长应大于 7 倍堰口水头，但不小于 2m，其中堰板上游应大于 5 倍堰口水头，但不得小于 1.5m，堰槽宽度应不小于堰口最大宽度的 3 倍。

（3）堰板应为平面，局部不平处不得大于±3mm，堰口的局部不平处不得大于±1mm。

（4）堰板顶部应水平，两侧高差不得大于堰宽的 1/500，直角三角堰的直角误差不得大于30″。

（5）堰板和侧墙应铅直，误差不得大于30″。

（6）两侧墙应平行，局部的间距误差不得大于10mm。

（7）水尺或水位计装置应该在堰板上游3～5倍堰口水头处。

（8）量水堰安装后，应详细填写考证表。

7.4.3 观测与计算

1. 量水堰法

当测量量水堰堰顶水头时，应读到最小估读单位，量水堰的流量 Q（m^3/s）的计算公式如下：

（1）直角三角形量水堰。

$$Q = 1.4H^{5/2} \tag{7-3}$$

式中：H 为堰上水头（m）。

（2）梯形量水堰。

堰口应严格保持水平，1:0.25的梯形堰流量 Q 的计算公式为

$$Q = 1.86bH^{3/2} \tag{7-4}$$

（3）矩形量水堰。

矩形量水堰计算较为复杂，无侧向收缩矩形量水堰流量 Q 计算公式为

$$Q = mb\sqrt{2gH^{3/2}} \tag{7-5}$$

式中：$m = (0.402+0.054H/P)$，其余符号见图7.2。

2. 容积法

直接测定渗漏水的容积和充水时间（一般为1min，且不得小于10s）。表7.3是各厂家的渗流量监测仪器厂家及参数的介绍。

表 7.3 渗流量监测仪器厂家及产品

厂家	仪器型号	仪器主要参数	主要测试对象/应用领域
中电华辰（天津）精密测器股份公司	超声波流量计 产品编号：0009	输入信号：可接 5 路 4～20mA 标准管段式：Φ15～Φ1000；测量准确度：±0.5% Π 型管：Φ15、Φ20、Φ25、Φ32、Φ40 流速范围：0～±30m/s 准确度优于±1%	产品的原理及应用： 时差式原理 管外测量，不断流安装 可测水、海水、轻质油、重油等均匀流体 可测双向瞬时流速 可累积差量、热量、正反向累积量 探头可浸泡在水中 结构紧凑、坚固，适合于防爆区内使用。
	电磁流量计 产品编号：0001	流动方向：正，反，净流量 量程比：150:1 重复性误差：测量值的±0.1% 精度等级：0.5 级、1 级 被测介质温度。常规橡胶衬里：-20～+60℃；高温橡胶衬里：-20～+90℃；聚四氟乙烯衬里：-30～+120℃；高温型四氟衬里：-20～+160℃ 流速范围：0.1～15m/s 电导率范围：被测流体电导率≥5μS/cm 信号输出：4～20mA（负载电阻 0～750Ω），脉冲/频率，控制电平 环境温度：-25～+60℃ 相对湿度：5%～95% 消耗总功率：小于 20W	用来测量电导率大于 5μS/cm 导电液体的体积流量，是一种测量导电介质体积流量的感应式仪表。除可测量一般导电液体的体积流量外，还可用于测量强酸强碱等强腐蚀液体和泥浆、矿浆、纸浆等均匀的液固两相悬浮液体的体积流量 应用于石油、化工、冶金、轻纺、造纸、环保、食品等工业部门及市政管理，水利建设、河流疏浚等领域的流量计量，柴油、润滑油、重油等无杂质油性液体的高精度测量
上海硕舟电子科技有限公司	SZLUGB-Y 压力补偿型涡流流量计	测量口径：DN25～DN500 工作电源：AC 220V 显示方式：中文液晶显示，实时曲线，无纸记录 额定温度：250℃或 320℃ 显示内容：瞬间流量、累积流量、压力、密度、频率、物理量、停电报表、日月年报表、无纸记录等 额定压力：2.5MPa 显示单位：t、m^3，用户可定制 工作环境：0～50℃ IP65 输出信号：4～20mA，RS485（加装） 流速范围。液体：0.5～7m/s；气体：5～70m/s 壳体材质：WCB 碳钢或者 SS304 不锈钢	是压力变化对测量精度有较大影响的介质而推出的一种流量计，可以自动显示介质的压力、密度、流量 测量介质：饱和蒸汽、压缩空气、天然气、煤气、氮气、二氧化碳、干空气、乙炔、甲烷、氢气等几乎任何气体；热水、冷却水、空调循环水等液体介质 应用领域：化工、食品、造纸、制糖、冶矿、给排水、环保、水利、钢铁、石化、油田、制药、纺织、酒店等领域中

续表

厂家	仪器型号	仪器主要参数	主要测试对象/应用领域
江苏中仪自动化仪表有限公司	ZY-LDE 电磁水流量计	适用管径：DN15mm～2600mm 电极材料：316L（不锈钢）、HC（哈氏C）、HB（哈氏B）、Ti（钛）、Ta（钽） 适用介质：电导率>5μS/cm的液体 测量范围：0.1～10m/s（可扩展到15m/s） 量程上限：0.5～10m/s，推荐1～5m/s 精度等级：0.3级、0.5级、1.0级（随口径区分） 输出信号：4～20mA DC，负载≤750Ω0～3kHz，5V电源，可变脉宽，高端有效频率输出：RS485接口 工作压力：1.0MPa、1.6MPa、4.0MPa、16MPa（特殊） 流体温度：-20～80℃，80～130℃，130～180℃参考衬里材质 环境温度：传感器-40～80℃；转换器-15～50℃ 环境温度：≤85%RH（20℃时） 电缆出口尺寸：M20×1.5 供电电源：220V AC±10%；50Hz±1Hz；24V DC±10% 功耗：≤8W 外壳防护等级。一体式：IP65；分体式：传感器IP68、转换器IP6	产品特点：由传感器和转换器两部分构成，基于法拉第电磁感应定律工作，用来测量电导率大于5μS/cm导电液体的体积流量，是一种测量导电介质体积流量的感应式仪表 产品应用：广泛应用于石油、化工、冶金、轻纺、造纸、环保、食品等工业部门及市政管理，水利建设、河流疏浚等领域的流量计量
	ZY-CSB-MQ 超声波明渠流量计	测量范围：0.1L/s～99999.99m³/s 累计流量：4290000000.00m³ 测量精度：0.25%～0.5% 分辨率：3mm或0.1%（取大者） 流量精度：1%～5%（视堰板类型而定） 显示：（中文背光液晶）瞬时流量、累计流量、物位测量值、距离测量值、变送值、环境温度值、回波状态、报警显示、算法选择等 模拟输出：4～20mA/750Ω负载 继电器输出：4组AC 250V/8A或DC 30V/5A状态可编程 供电：220V AC+15% 50Hz、24VDC 120mA、12V DC可用电动机，蓄电池或者太阳能给予供电 环境温度：显示仪表-20～+60℃，探头-20℃～+80℃ 通信：485通信 防护等级：显示仪表IP65；探头：物理全封闭防爆探头 探头电缆：可达200m，标配10m	需与量水堰槽配合使用，测量明渠内水的流量。主要用于测量污水厂、企事业单位的污水排放口、城市下水道的流量及灌渠等 适用范围：水库、河流、水利工程、城市供水、污水处理、农田灌溉、水政水资源等矩形、梯形明渠及涵洞的流量测量

7.5 本章小结

本章主要研究水工建筑物及其地基内的渗流监测，重点监测其形成的浸润线、渗透压力、地下水位、渗流量和渗水水质等。本章首先研究了渗流监测的内容和监测的布置要求；然后主要介绍了渗流压及其地下水位监测；最后介绍了渗流量监测、安装埋设及其观测与计算。

第 8 章　水利信息标准化研究与编码设计

本章将系统研究水利信息标准化分类与编码问题；主要研究信息分类及编码的基本理论、分类标准，基于水利信息系统的数据库体系与架构设计；构建适用于水利专业领域之间的水利信息分类标准和统一编码，涵盖水利信息系统建设资源、建设过程及建设成果中的信息资源，为信息数据的集成化、规范化、标准化使用打下基础。

8.1　水利信息分类与编码标准化分析

8.1.1　信息分类原则

对信息进行分类即根据信息内容或对象的属性及特征，将它们按照某些既定方法和适用原则来区别和分类，进而构建相应的排列顺序和分类系统，从而达到对信息的便捷管理和有效使用。

换言之，对信息进行分类即以工作实际要求为依据，将系统中各类信息按照事物的具体特征进行分类，从而达到方便管理、有效使用的目的。其基本的分类原则如下所述。

1. 稳定性

稳定性即为科学性，这是指以分类对象最稳定的特性及属性进行选择，保证结构分类不会因为周围环境因素的变化而发生改变。

2. 兼容性

分类标准要尽量与行业标准、国家标准及国际标准保持一致。同时，各分类体系的应用范围也要与其他体系保持一致。

3. 系统性

对所选的项目、概念属性和系统特征按照某一特定序列进行系统化编排，形成一种科学合理的分类体系。

4. 确定性

分类体系中的每一个分类对象都应该有一个与之单独对应的类目。例如，如果规定了属于水位信息体系，那么它就不能再属于其他的体系了。

5. 综合实用性

对于信息的分类可以系统工程为原版，将其内部所属问题归结在整个系统中进行处理，充分遵循系统最优化原则。也就是在保证系统总体要求、任务良好完成的同时，最大化地使得系统内部各个阶段、各个专业的现实需求达到满足。

6. 可扩延性

系统可保证在增加了新的类目后不影响原有的类目和分类结构，确保在增加新项目和概念时，已经建立好的分类系统不会被打乱，可良好地满足用户对系统进行延续细化的需要。

7. 简单性

代码编译的结构要尽量得简短，并且必须要符合分类层次，这样不仅可以节约计算机的存储空间，还可使编译代码的错误率得到有效降低，同时能使计算机的运算效率得到提升。但是，也要顾及编译代码的系统容量和系统容积的可扩展性。

8. 规范性

对于同一个编码体系，编译代码的编写格式、层次结构及代码的编写类型必须相同，这样不仅方便记忆、辨识，还有利于计算机快速处理。

9. 合理性

编译的代码结构应该同被标记的信息主体的特征相匹配。

10. 适用性

编译代码应该同编辑主体所应用的分类层次、方法形成一一对应关系，以确保其真实反映系统特征，便于编写和记忆。描述代码发生变化时，编译代码对预编译信息主体各特征的标记作用往往总是受到干扰，所只要描述编码存在，就使得理想识别信息码的稳定性、不变性和唯一性难以满足，就很难在信息传输过程中保证对信息主体的正确识别。因此，稳定性、不变性和唯一性也就成为了编码系统必须要具有的最基本的特征。

8.1.2 信息分类方法

分类是将一个事物的集合划分为多个小集合。由于各因素分析的观点、角度及目的不同，因此对同一事物的分类也会因方法选择的不同而不同。对于不同的事物，因为它包含的对象往往存在交叉，所以各集合的交集不是空的，这将导致相同的事物在根据不同的分类方法进行分类时其所属的类目不同。就分类结构而言，信息分类可分为：线分类法、面分类法两种方法。

1. 线分类法

该方法即层次分类法，是指根据事物的某一项特点进行类目的划分，并对划分出的各个子类目进行一一细化，从而构建多种层次关系，使得分类体系形成树状结构。

对于树状结构分类体系，其各分类节点可逐级展开，不同层次范畴具有从属关系。从树状结构的一个类目中依次下分的一组类目，都可看成其“下位类”的范畴，其本身又被称作该类目的“上位类”，共同隶属于一个上位类的类目叫作“同位类”。高层次的类目设置的合理性，对于线分类树结构的分类体系有着决定性的影响。

可良好地表示类目间的层级关系、具有良好的层次是线分类法的主要优点。此外，其还能较好地适应计算机信息处理方式，符合用户整合信息的思维过程。但是，它的结构不易改变、弹性不良、效率较低，特别是当层次分类多时，其代码会有很多数位，使得处理速度较为缓慢。

例如：根据水资源管理要求及存储对象特点，将水资源基础数据库中的表分为水利基础信息类表、水资源专题信息类表和监测设备基本信息类表 3 大类。水利基础信息类表主要包括与水利相关的自然信息类表、管理信息类表和工程与设施信息类表。水资源专题信息类表主要包括水资源分区信息类表、地表水水源地信息类表、取水信息类表、排水信息类表、河流断面信息类表和水功能区信息类表。监测设备基本信息类表主要包括采集传输设备 RTU、传感器及通信设备、太阳能板及其他测站辅助设备等的基本信息类表。线分类的树状结构如图 8.1 所示。

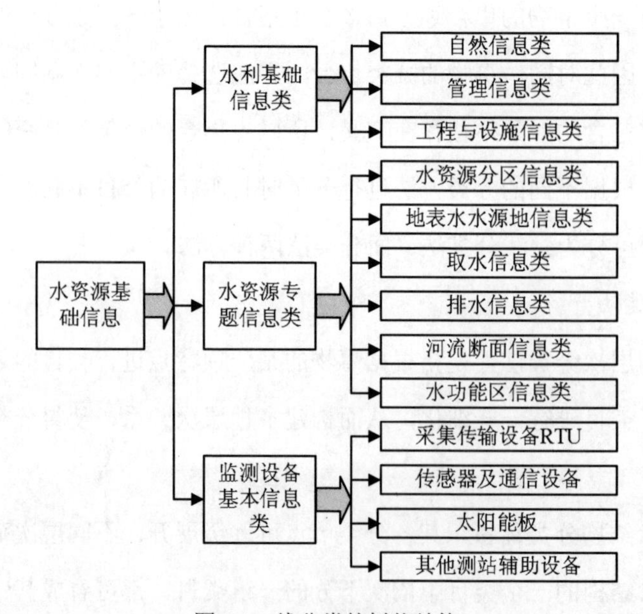

图 8.1　线分类的树状结构

2. 面分类法

该方法是基于网状结构的分类方法。其首先根据事物的某些特征分别在不同的区隔中进行细分，然后再把所有的区隔组合起来，形成复合类目，生成网状结构。在该体系中，各类目之间非隶属关系，地位充分平等。

面分类法在空间上有较大的变化范畴，当一个“面”中的类目变化时，其他“面”不会受到影响。它还可进行“面”的组合，形成复合式类目，适应性很好；可方便地进行计算机信息处理；具有较强的可扩展性，各“面”内类目都可轻松进行修改和增加。不能高效利用系统容量是面分类法的最大缺点。虽然其类目间的组合配对灵活度好，但是仍常有实际应用类目很少的不利情况发生，且人工处理信息难度很大。

3. 线、面分类法比较

对于线分类法的树状结构分类系统，一个信息实体就对应着一个分类段上的一个类目。每一个类目都仅有一个上位类，因此，由这种方法可找到最高级别的类目，并且，这条线路是固定的，这是所谓的“线分类”的来源。

对于面分类法的网状结构分类系统，信息实体仅能由一个分类段上的类目表示，其余的各种特性由子分类段上的类目表示。代表信息主体特征的类目只有同代表实体信息的类目叠加在一起时才可表示信息实体的全部信息。各实体属性信息的分类段称为“特征面”，几个“特征面”和“实体面”即可组成复合类目，以达到对分类的对象进行分类的目的，这就是所谓的“面分类”的来源。具有网状结构的面分类可转化为具有树状结构的线分类。但是，具有树状结构的线分类在正常情况下是无法转化为具有网状结构的面分类的。

8.2 水利信息基础数据库表结构设计

8.2.1 表设计

基础数据库表结构设计应遵循科学、实用、简洁和可扩展性的原则。基础数据库表结构设计的命名原则及格式应与监测数据库、业务数据库、多媒体数据库、空间数据库表结构设计一致。每个表结构描述的内容应包括中文表名、表主题、表标识、表编号、表体和字段存储内容规定6个部分。中文表名应使用简明扼要的文字表达该表所描述的内容。表主题应进一步描述该表存储的内容、目的和意义等。

表标识应为中文表名英译的缩写，在进行数据库建设时，应作为数据库的表名。表编号为表的代码，反映表的分类和在表结构描述中的逻辑顺序，由11位字符组成，其中包括两个下划线（“_”）。表编号格式为

WR_BNN_KKKK　　　　(8-1)

其中：WR为专业分类码，固定字符，表示水资源管理数据库；BNN为表编号的分类码，3位字符；KKKK为表编号的顺序码，4位字符，每类表从0001开始编号，依次递增。

表体以表格的形式按字段在表中的次序列出表中每个字段的字段名、标识符、字段类型及长度、是否为空值、计量单位、主键和索引序号等，在引用了其他表主键作为外键时，应添加外键说明。

8.2.2 标识符命名

标识符主要分为表标识和字段标识两类，遵循唯一性。其由英文字母、下划线、数字构成，首字符应为英文字母。标识符是中文名称关键词的英文翻译，可采用英文译名的缩写命名。按照中文名称提取的关键词顺序排列关键词的英文翻译，关键词之间用下划线分隔；缩写关键词一般不超过四个，后续关键词应取首字母。

标识符采用英文译名缩写命名时，单词缩写主要遵循以下规则：

（1）英文关键词有标准缩写的应直接采用，例如POLYGON缩写为POL、CHINA缩写为CHN。

（2）没有标准缩写的，取单词的第一个音节，并自辅音之后省略，例如，

INTAKE 缩写为 INT。

（3）如果英文译名缩写相同时，参考压缩字母法等常见缩写方法以区分不同关键词。

8.2.3 表标识和字段标识

1. 表标识

表标识与表名应一一对应。其中，表标识由前缀、主体标识、分类后缀及下划线组成。其编写格式为

$$WR\_\alpha\_\beta \tag{8-2}$$

其中：WR 为专业分类码，固定字符，表示水资源管理数据库；α 为表标识的主体标识；β 为表标识分类后缀，固定字符，代表基础数据库。

业务关系类表标识由前缀、主导要素标识、从属要素标识及下划线组成。其编写格式为

$$REL\_\gamma\_\eta \tag{8-3}$$

其中：REL 为业务关系类分类码，固定字符，用于区分空间关系类；γ 为主导要素标识；η 为从属要素标识。

2. 字段标识

字段命名为关键词的英文方式，其具体规则是：

（1）先从中文字段名称中取出关键词。

（2）采用一般规定，将关键词翻译成英文，关键词之间用下划线分隔。如“流域名称”字段命名为“BAS_NM”。

8.3 水利信息基础数据库字段类型及长度

基础数据库表的字段类型主要有字符串、数值、日期时间和布尔型。其类型

长度应按下述格式描述。

8.3.1 字符串型

字符串型长度的描述格式为

$$C(D) 或 VC(D) \tag{8-4}$$

其中：C 为定长字符串型的数据类型标识；VC 为变长字符串型的数据类型标识；( )为固定不变；D 为十进制数，用以定义字符串长度，或最大可能的字符串长度。

8.3.2 数值型

数值型长度的描述格式为

$$N(D[\ ,d]) \tag{8-5}$$

其中：N 为数值型的数据类型标识；( )为固定不变；[ ] 为表示小数位描述，可选；D 为描述数值型数据的总位数（不包括小数点位）；,为固定不变，分隔符；d 为描述数值型数据的小数位数。

8.3.3 日期时间型

日期型和时间型采用公元纪年的北京时间。

（1）日期型：Date。Date 表示日期型数据，即：YYYY—MM—DD（年-月-日）。不能填写至月或日的，月和日分别填写 01。

（2）时间型：Time。Time 表示时间型数据，即：YYYY—MM—DD hh：mm：ss（年-月-日时：分：秒）。

8.3.4 布尔型

布尔型描述格式为 Bool。布尔型字段用于存储逻辑判断字符，取值为 1 或 0，

1表示是，0表示否；若为空值，其表达意义同0。

字段的取值范围：

（1）可采用抽象的连续数字描述，在字段描述中应给出其取值范围。

（2）取值为特定的若干选项，在字段描述中应采用枚举的方法描述取值范围。

8.4 水利信息监测数据

8.4.1 雨水情监测信息类数据属性

雨水情监测信息类数据主要包括测站基本信息、降水量信息、日蒸发量信息、测站水位监测信息、测站实测流量信息、测站水位流量关系曲线、测站库容曲线表、测站推算流量信息等。雨水情监测信息类数据见表8.1。

表8.1 雨水情监测信息类数据

序号	数据名称	字段名	标识符	类型及长度	有无空值	计量单位	主键	外键	索引序号
1	降水量信息	测站编码	STCD	C(8)	无		Y		2
		时间	TM	T	无		Y		1
		时段降水量	DRP	N(5,1)		mm			
		时段长	INTV	DR					
		降水历时	PDR	DR					
		日降水量	DYP	N(5,1)		mm			
		天气状况	WTH	C(1)					
2	日蒸发量信息	测站编码	STCD	C(8)	无		Y		2
		时间	TM	T	无		Y		1
		蒸发器类型	EPTP	C(1)					
		日蒸发量	DYE	N(5,1)	无	mm			

续表

序号	数据名称	字段名	标识符	类型及长度	有无空值	计量单位	主键	外键	索引序号
3	测站水位监测信息	测站代码	STCD	C(8)	N		Y	Y	2
		时间	TM	Time	N		Y		1
		水位	Z	N(6,2)		m			
4	测站实测流量信息	测站代码	STCD	C(8)	N		Y	Y	2
		时间	TM	Time	N		Y		1
		流量	Q	N(9,1)		m^3/s			
5	测站水位流量关系曲线	测站代码	STCD	C(8)	N		Y	Y	1
		曲线名称	CURY_NM	C(30)	N				
		启用时间	ENAB_TM	Date	N		Y		2
		点序号	PT_NO	C(4)	N	m			3
		水位	Z	N(6,2)	N	m			
		流量	Q	N(9,1)	N	m^3/s			
6	测站库容曲线表	测站编码	STCD	C(8)	无		Y	Y	1
		率定时间	CAL_TM	Time	N		Y		2
		点序号	PT_NO	C(4)	N		Y		3
		水位	Z	N(6,2)		m			
		蓄水量	W	N(9,3)		10^6m			
		水面面积	WAT_A	N(7,1)		km^3			
7	测站推算流量信息	测站编码	STCD	C(8)	N		Y	Y	2
		时间	TM	Time	N		Y		1
		流量	Q	N(9,1)		m^3/s			

8.4.2 取用水信息类数据

取用水信息类数据主要包括取用水监测点水位监测信息、取用水监测点流量监测信息、取用水监测点日水量信息等。取用水信息类数据见表 8.2。

表 8.2 取用水信息类数据

序号	数据名称	字段名	标识符	类型及长度	有无空值	计量单位	主键	外键	索引序号
1	取用水监测点水位监测信息	监测点代码	MP_CD	C(13)	N		Y	Y	2
		时间	TM	Time	N		Y		1
		地下水水位	MP_Z	N(6,2)		m			
2	取用水监测点流量监测信息	监测点代码	MP_CD	C(13)	N		Y	Y	2
		时间	TM	Time	N		Y		1
		取水水量	MP_Q	N(12,3)		m^3/h			
		累计水量	ACC_W	N(10,1)		m^3			
3	取用水监测点日水量信息	监测点代码	MP_CD	C(13)	N		Y	Y	2
		时间	DT	Date	N		Y		1
		日水量	DAY_W	N(10,1)		m^3			

8.4.3 水质监测评价信息类数据

水质监测评价信息类数据主要包括水温、pH 值、电导率、浊度、溶解氧等。水质监测评价信息类数据见表 8.3。

表 8.3 水质监测评价信息类数据

数据名称	字段名	标识符	类型及长度	有无空值	计量单位	索引序号	主键
水质监测评价信息	测站代码	STCD	C(8)	N		1	Y
	采样时间	SPT	T	N		2	Y
	水温	WT	N(3,1)		℃		
	pH 值	PH	N(4,2)				
	电导率	COND	N(5)		μS/cm		
	浊度	TURB	N(3)		度		
	溶解氧	DOX	N(4,2)		mg/L		

8.4.4 工情监测信息类数据

工情监测信息类数据主要包括堤防（段）运行状况表、水库运行状况表、水闸运行状况表等。工情监测信息类数据见表 8.4。

表 8.4 工情监测信息类数据

序号	数据名称	字段名	标识符	类型及长度	有无空值	计量单位	索引序号	主键
1	堤防（段）运行状况信息	工程名称代码	PRJNMCD	C(12)	N		1	Y
		水文控制站代码	HDRSTCD	C(8)				
		经度	LGTD	C(16)		（°）、（′）、（″）		
		纬度	LTTD	N(6)		（°）、（′）、（″）		
		采集时间	CLLTM	Time	N		2	Y
		采集点地名	CLPSADDR	C(20)				
		采集点桩号	CLPSDRN	C(20				
		水位	Z	N(8,2)		m		
		流量	Q	N(12,2)		m^3/s		
		水面距堤顶高差	WSDCH	N(4,2)		m		
2	水库运行状况信息	工程名称代码	PRJNMCD	C(20)	N		Y	1
		采集时间	CLLTM	Time	N		Y	2
		水位	Z	N(6,2)	N	m		
		库容	STRG	N(10,2)	N	10^4m^3		
		入库流量	INQ	N(10,2)		m^3/s		
		出库流量	OTQ	N(10,2)		m^3/s		
3	水闸运行状况信息	工程名称代码	PRJNMCD	C(20)	N		Y	1
		采集时间	CLLTM	Time	N		Y	2
		闸上水位	SLUPSZ	N(6,2)		m		

续表

序号	数据名称	字段名	标识符	类型及长度	有无空值	计量单位	索引序号	主键
3	水闸运行状况信息	闸下水位	SLDSZ	N(6,2)		m		
		过闸流量	THRSLQ	N(10,2)	N	m^3/s		
		开启孔数	GTOPN	N(2)	N			
		闸上水势	UPSWTP	N(l)				
		闸下水势	DSWTP	N(1)				

8.4.5 测站设备信息类数据

测站设备信息类数据主要包括 RTU 基本信息、传感器基本信息、RTU 工况监测信息、传感器工况监测信息等。测站设备信息类数据见表 8.5。

表 8.5 测站设备信息类数据

序号	数据名称	字段名	标识符	类型及长度	有无空值	计量单位	索引序号	主键	外键
1	RTU 基本信息	RTU 代码	RTU_CD	C(10)	N		1	Y	
		组织机构代码	ORG_CD	C(9)					
		出厂编号	PROD_SN	VC(20)	N				
		设备型号	DEV_SN	VC(20)	N				
		加密狗编号	ENCR_SN	C(20)					
		电源	POWER	C(1)					
		出厂日期	PROD_DT	Date					
		输出数据格式	OUT_DATE_MODE	C(1)					
		加密模块	SECR_MOD	Bool					
2	传感器基本信息	传感器代码	SENS_CD	C(13)	N		1	Y	
		RTU 代码	RTU_CD	C(10)	N				Y
		组织机构代码	ORG_CD	C(9)					Y

续表

序号	数据名称	字段名	标识符	类型及长度	有无空值	计量单位	索引序号	主键	外键
		传感器类型	SENS_TP	C(2)	N				
		传感器品牌	SENS_BRAND	C(20)					
		传感器型号	SENS_SN	C(20)					
		电源	POWER	C(1)					
		接口方式	INTER_TP	C(1)					
		RFID 标识码	RFID_SN	C(9)					
		出厂日期	PROD_DT	Date					
3	RTU 工况监测信息	RTU 代码	RTU_CD	C(10)	N		1	Y	Y
		记录时间	REC_TM	Time	N		2	Y	
		蓄电池电压	BAT_V	N(4,2)		V			
		蓄电池电压报警	BAT_V_WARM	Bool					
		存储器状态	MEM_COND	Bool					
		终端箱门状态报警	CHAS_DOOR_C_OND	Bool					
		其他报警	OTH_WARM	Bool					
4	传感器工况监测信息	传感器代码	SENS_CD	C(13)	N		1	Y	Y
		记录时间	REC_TM	Time			2	Y	
		流量仪表故障报警	FLOW_INS_FALL	Bool					
		水位仪表故障报警	LEV_INS_FALL	Bool					
		终端 IC 卡功能报警	IC_FUNC_FALL	Bool					

8.5　本章小结

本章对水利信息标准化进行了研究，对水利数据分类及编码的基本理论、分类标准、我国水利信息分类体系进行了分析，构建了适用于不同阶段及不同专业之间的水利信息分类标准和统一编码，涵盖了水利信息化建设资源、建设过程及建设成果中的信息资源，并对水利信息监测数据的属性进行了详细的介绍。

第 9 章　农田智能灌溉信息化系统应用案例

9.1　农田智能灌溉信息化系统应用

9.1.1　应用背景

随着中国农业现代化进程的高速发展以及农业结构的调整等因素，节水灌溉自动化的要求越来越高，灌溉控制器在我国有着巨大的市场。节水灌溉控制器近期在中国朝着价格低、性能可靠、操作简便的方向发展。但从长远利益考虑，新的智能化技术、传感技术和农业科技的引入、应用和普及，将会有智能化程度更高、功能更强、性能更趋于稳定和可靠的灌溉控制器出现。

本章将介绍一个农田智能灌溉信息化监控系统，该系统以 STM32 单片机为核心，采用模块化的设计方案，由土壤温湿度传感器、Wi-Fi 无线模块、水泵及摄像头模块等组成。该系统能自动对土壤及空气温湿度进行监测，当实际湿度低于警戒值时单片机自动启动水泵进行灌溉。

9.1.2　研究意义

我国是个农业大国，建国 60 年来农业得到了很大的发展，取得了以占世界 7%的耕地养活了世界 22%的人口的举世瞩目的成就，但也付出了巨大代价：地下水位下降、河湖干枯、季节性缺水、江河污染、水土流失和生态环境恶化等。当前制约我国农业发展的主要因素是水资源严重不足。随着经济建设、生态环境建设步伐的加快，人们生活水平的提高对水的需求量将更大。

我国农业用水面临资源短缺的同时，农业用水浪费现象却非常严重。主要表现在：一是水的利用率低，我国灌溉系统对水资源的利用率目前只能达到0.3～0.4，而发达国家可达到 0.8 以上；二是农业水生产率低，灌溉农业粮食作物的水生产率不足1kg/ m^3，旱地农业面积占60%左右，降水的生产率只有0.3～0.4kg/m^3。

智能节水灌溉是遵循作物不同生长发育阶段的需求规律而进行的适时灌溉，利用尽可能少的水取得尽可能多的农作物产出的一种灌溉模式。一般灌溉水从水源到田间要经过几个环节，每个环节中都存在水量无益损耗。凡是在这些环节中能够减少水量损失、提高灌溉水使用效率和经济效益的措施，均属于节水灌溉范畴。节水灌溉技术能大幅提高水资源的利用率，在水资源不变的情况下提高作物产量，能实现优质高产，具有很好的经济效益、生态效益和社会效益。

因此，实行节水灌溉，大力普及和应用高效节水灌溉技术是从根本上解决我国农业缺水问题的重要措施。

9.1.3 国内外研究状况

国内在开发灌溉自动控制系统方面还处于研制、试用阶段，真正能投入实际应用且应用较广的灌溉控制器还是很少的。在开发的产品中有着代表性的如中国农业机械化研究院联合多家单位研制的2000型温室自动灌溉施肥系统。该系统是国家“九五”科技攻关项目中自主研发的科技产品，它结合我国温室的环境和实际使用特点，以积木分布式系统结构原理，解决了计算机实时闭环控制、动态监测、控制显示中文、施肥泵混合比可调、电磁阀开度可调等关键技术问题。该系统具有手动控制、程序控制和自动控制等多种灌溉模式，可按需要灵活应用，在大连、北京等地已经投入了应用。从系统运行情况来看，该系统有很好控制效果，取得了一定的经济效益和社会效益。

国外一些先进国家，如美国、以色列和加拿大等，运用先进的电子技术、计算机和控制技术，在节水灌溉方面起步较早，并已经日趋成熟。这些国家从最早的水利控制、机械控制，到后来的机械电子混合协调式控制，到现今应用广泛的计算机控制、模糊控制和神经网络控制等，控制精度和智能化程度越来越高，可靠性越来越好，操作也越来越简便。

9.1.4 应用简介

本实例中主要采用 STM32 单片机作为主控制器，以其他 STM32 单片机作为分节点分别采集各部分数据，上传至主控制台，主控制台会根据采集到的数据进行实时分析，当节点所在区域水分含量过低时，主控制台会发布相关命令，启动水泵进行相应区域的补水。水稻稻田区域主要采用摄像头进行相关区域的水位监测，同理，当水位过低时，水泵进行定量补水。如果需要，实时数据还可以经过 Wi-Fi 网络上传至相应的大数据平台，进行区域到整体的数据分析，可更合理地根据受旱范围制定水资源利用规划。

9.2 智慧灌溉信息感知系统设计

9.2.1 相关传感器元器件选取

1. 主控制器

本设计中主控制器选择意法半导体公司的 STM32F103RCT6 芯片，该芯片内部有基于 ARM 32 位 Cortex-M3 的 CPU，内核频率高达 72MHz，外设有 CAN、I2C、SPI、UART/USART、USB 等中串口输出方式，且外设有 12 通道 DMA，3 个 12 位 AD，11 路 Timer，51 个 I/O 口，256KB 的程序存储器容量，48KB 的 SRAM。该芯片相比于单片机资源更加丰富，性能更加稳定，且成本相比于 Zigbee 也要低得多。而 STM32 本身就是一种低功耗的芯片，在 72MHz 时消耗 36mA（所有外设处于工作状态），待机时下降到 2μA。

2. 土壤温湿度传感器

该项目采用了大连哲勤科技的 MS-10 土壤温湿度传感器，其可应用于多种土壤环境，检测速度快，性能稳定，其主要技术参数见表 9.1。

表 9.1 MS-10 参数

参数类型	产品参数
信号输出类型	电压输出 0～2V，输出阻抗<1kΩ
电源范围	5～30V DC
最大功耗	40mA@24V DC
测量参数	土壤容积含水率
土壤水分测量区域	以中央探针为中心，直径为 20cm、高为 17cm 的圆柱体
相应时间	小于 1s
土壤水分测量量程	0～100%容积含水率
土壤水分测量精度	0～53%范围内为±3%；53%～100%范围内为±5%
土壤温度测量量程	-40～80℃
土壤温度测量精度	±0.5℃
防护等级	IP68
运行环境	-40～85℃
存储环境	-40～85℃
探针材料	食品级不锈钢
密封材料	黑色阻燃环氧树脂
安装方式	全部埋入或探针全部插入被测介质

3. DHT11 数字温湿度传感器

DHT11 数字温湿度传感器是一款含有已校准数字信号输出的温湿度复合传感器。它应用专用的数字模块采集技术和温湿度传感技术，确保产品有极高的可靠性和卓越的长期稳定性。传感器包括一个电阻式感湿元件和一个 NTC 测温元件，并与一个高性能 8 位单片机连接。因此该产品具有品质卓越、超快响应、抗干扰能力强、性价比极高等优点。DHT11 数字温湿度传感器参数见表 9.2。

表 9.2 DHT11 参数

参数类型	产品参数
信号输出类型	单总线数字信号
电源范围	3.3～5.5V DC
水分测量范围	20%～90%RH
土壤水分测量精度	±5%RH
土壤温度测量量程	0～50℃
土壤温度测量精度	±2℃
分辨率	湿度 1%RH，温度 1℃
长期稳定性	<±1%RH/年
互换性	可完全互换

4. 继电器模块

继电器是一种电子控制元件，它具有控制系统（又称输入回路）和被控制系统（又称输出回路），通常应用于自动控制电路中，它实际上是用较小的电流去控制较大电流的一种“自动开关”。故在电路中起着自动调节、安全保护、转换电路等作用。本设计采用了一个 220V、10A 的继电器模块，用于单片机对水泵的控制。

5. ESP8266 串口转 Wi-Fi 模块

Wi-Fi 模块主要用于数据的无线传输以及远程控制，对后期的大数据平台的相关数据传输也起到非常重要的作用。

9.2.2 主要设计流程

本设计能在农田、温棚、园林、人工草地等处实现节能节水智能灌溉。采用

STM32单片机为核心控制单元，通过太阳能电池板收集电能，提供给主控制器；以分布的无线传感器网络节点采集空气、土壤、水的温度信号，采集到的电平信号通过单片机的AD模块采样并转换成单片机能识别的信号后，再由Wi-Fi无线网络节点送入核心控制单元，核心控制单元通过适当的算法对信号进行处理后，实时对喷灌设备进行控制，调整喷灌时间、喷灌水量及温度上下限报警，以达到节水节能的目的。本设计使节能与智能化结合，应用与实际情况相结合，实现农业区、人工草地、园林等地的智能化节能化灌溉。对于一些特殊场合，如稻田等对水量需求较大的场合，我们采用摄像头监测水位的变化，根据水位的高低进行适当的水量补给。监测系统也可通过外部Wi-Fi网络设置远程控制服务器，主要完成Web服务器功能，同时用于环境数据的承载，用户终端通过Web登录远程控制服务器以实现对智能灌溉系统的远程信息监测和控制。

模型框架图如图9.1所示，主要包括主控制台、无线土壤水分传感器节点、土壤情况及气象监测站、灌溉设备与管道等。

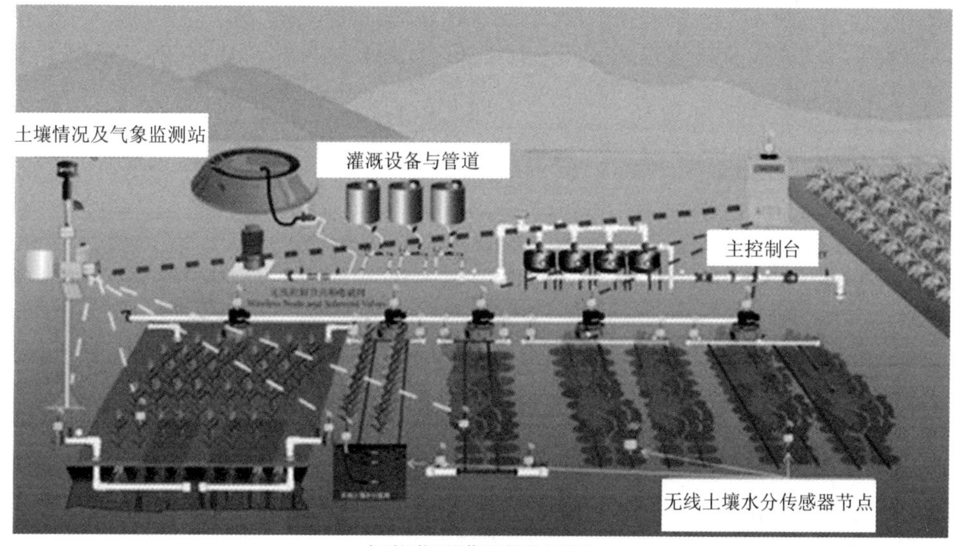

智能监测灌溉控制系统

图9-1 模型框架图

9.3 水情自动测报系统的通信方式

9.3.1 常用通信方式

1. 短波通信

短波是指波长在 10～100m，频率在 3～30MHz 的无线电波。短波通信包括通过电离层反射的天波传播模式和沿地面传播的地波模式两种传输模式。其中地波传播模式中的地波信号随着传输距离增长衰减很快，只适合通信距离短、中间障碍物少的地形。而水情自动测报系统一般位于多山或需要长距离通信的地区，因此一般选择天波模式。

采用短波方式的典型系统有甘肃碧口水电厂水情自测报系统和广西麻石水电厂水情自动测报系统。这两个系统由于流域地形复杂，如果采用超短波则需要建设多级中继，投资成本加大，维护困难，因此选择了短波与超短波混合组网方式。碧口水情自动测报系统规模为 1:8，其中 6 个遥测站为短波组网。麻石水电厂水情自动测报系统规模为 1:16，其中只有坝上和坝下采用有线方式传输信号，其余均为短波方式传输信号。

2. 超短波通信

超短波是指波长在 1～10m，频率在 30～300MHz 的无线电波。超短波通信方式是在水情自动测报系统中运用最为广泛的一种通信方式，因为其技术成熟、故障处理简单、运行成本低，在对系统进行通信方式选择时备受重视。

采用超短波方式的典型系统，如新疆伊犁恰甫其海水库水情自动测报系统，规模为 15:2:2，对六角尖中继的依赖性很大，六角尖站承担系统内凤阳山中继和其他测站的信号转发功能，如果出现故障，则在中心站将无法收到任何测站数据。因此，在这种情况下，必须考虑采用双中继、热备用或冷备用等方式提高系统的可靠性。

目前，全国有90%以上的水情自动测报系统采用超短波方式，这种通信方式在流域面积不大、流域地形较好的地区是一种比较有优势的组网方式。

3. 有线通信

目前采用有线通信方式组网的水情自动测报系统，基本上是利用电信部门提供的公用电话网（PSTN）。

采用有线方式的典型的系统，如浙江珊溪水利枢纽和三峡水利枢纽水情自动测报系统，珊溪系统组网规模为12:3（12个遥测站、3个中心站），系统中心站与测站之间采用星形结构，可使遥测站单独出现故障时不会影响其他测站通信。3个中心站之间采用链接形式，保证所有中心站内数据的唯一性。三峡水利枢纽水情自动测报共81个遥测站，其中56个遥测站选用PSTN作为系统主要通信方式，实现PSTN/Inmarsat双信道。平时正常工作采用PSTN方式传输数据，在PSTN无法传递数据时，测站自动启动海事卫星（Inmarsat）实现数据传输。

4. 卫星通信

卫星通信是20世纪90年代后期开始广泛使用在水情自动测报系统中的一种通信方式，频率范围在300～300GHz。卫星通信是指利用人造地球卫星作为中继站转发或反射无线电波，在两个或多个地面站之间进行的通信。目前运用在水情自动测报系统中的卫星主要有VSAT卫星系统、Inmarsat和我国自行研制的北斗通信卫星。卫星通信最理想的工作频率在4～6GHz波段附近，该频段带宽较大，工作频率较高，天线尺寸也较小，有利于成熟的微波中继通信技术。

（1）VSAT卫星系统。VSAT卫星通信技术是20世纪80年代兴起的，我国主要是采用亚洲2号通信卫星收集水情信息。

在我国使用VSAT通信方式的系统并不多，典型系统如广西柳州市水情测报系统和西藏尼洋河水情测报系统，其中柳州市水情测报系统为混合组网，系统规模为2:10:62（2个中心站、5个卫星中继站、5个超短波中继站、32个卫星遥测站、30 个超短波遥测站）；西藏尼洋河水情自动测报系统规模为 3:9（3 个中心站、9 个卫星遥测站），中心站采用计算机局域网方式联网。

（2）海事卫星。海事卫星属于全球性系统，建设初期主要服务目的是海事遇难救险。随着 Inmarsat—C 投入使用后，水利部门也开始逐步采用该卫星提供的服务。Inmarsat—C 系统由 4 颗工作卫星和 7 颗备用卫星组成，可靠性非常高。

目前许多已建的或将建的系统基本上都采用 Inmarsat—C 卫星。典型的系统如贵州乌江流域水情自动测报系统和吉林云峰水电厂水情自动测报系统，其中贵州乌江流域水情自动测报系统共有 49 个卫星遥测站，4 个中心站，中心站之间采用 VSAT 卫星组成局域网。云峰水电厂水情自动测报系统规模为 1:12（1 个中心站、12 个遥测站）。

（3）北斗卫星通信。北斗卫星系统是我国自行研制、自主经营、专为我国服务的卫星导航系统，由 2 颗工作卫星和 1 颗备用卫星组成，属于区域性系统，2002 年 1 月开始运行。

利用该卫星的典型系统有陕南水利雨量监测速报系统和重庆江口水情测报系统。其中陕南水利雨量监测速报系统包括 67 个雨量站、14 个中心站，特点是采用并行工作体制，将雨量数据同时发往 14 个中心站进行处理，减少中间环节，充分利用系统资源。重庆江口水情测报系统由 17 个雨量站、6 个水位站和 1 个中心站组成。

5. 移动通信

（1）短信息方式（SMS）。短信息业务是 GSM 系统为用户提供的一种使用手机或 GSM 模块接收和发送文本消息的服务。每条短信息最多包含 160 字母或 70 个汉字。

使用该方式的典型系统如浙江省防汛水情自动测报系统和江西万安水电厂水情自动测报系统，其中浙江省水利厅在全省建立上百个基于 GMS 短消息的水情遥测站，通过 GMS 网络建成全省统一的防汛水情自动测报系统。江西万安水电厂在条件合适的位置建立 GMS 短消息遥测站，规模不大，但是具有一定的参考价值，因为该系统集超短波、卫星和 GMS 短消息为一体进行混合组网，系统规模较大（1:4:55）。

（2）GPRS 方式。GPRS 是 GSM 系统网络中以分组技术为基础的传输系统，它能为用户提供高达 160kbit/s 的数据速率，目前基于 GPRS 的水情自动测报系统并不多，但是应用前景比较好。

使用该系统的典型系统有厦门市水文自动测报系统和广州市三防遥测系统。其中厦门市水文自动测报系统由 1 个中心站、3 个水位雨量站、2 个水位站、18 个雨量站组成，采用自报和中心站召测 2 种工作方式。广州市三防遥测系统控制全广州 7435km^2 范围内的水文遥测任务，采用 GPRS 方式实时传输水情信息。

综上所述，水情自动测报系统可用的通信方式较多，每一种通信方式各有其优缺点，在工程实际运用时，应充分利用各通信方式的优势，扬长避短。同时，可根据需要设置短波通信作为关键水文站点的备用应急通信手段。对于中小型系统，可根据流域特点、地形条件，对上述各种通信方式进行综合比较后选择确定。

9.3.2 地下水监测工程数据通信报文规定

9.3.2.1 传输规约

国家地下水监测工程（水利部分）数据通信协议采用《水文监测数据通信规约》（SL 651－2014）。

（1）SL 651－2014 规约在一种报文帧结构框架内，规定了 ASCⅡ字符编码和 HEX/BCD 编码的两种报文编码结构，其通信协议基于面向字符异步通信方式。本项目采用 HEX/BCD 编码的报文编码结构。

（2）本项目根据实际数据采集参数、频度等报送数据要求，从 SL 651－2014 规约规定的报文结构中选择适宜的报文正文、要素编码组合（均匀时段水文信息报），确定适合信道传输的单帧报文长度。

（3）遥测站分类码编码规定、功能码定义、编码要素及标识符规定、遥测站参数配置标识符见 SL 651－2014。对于未作规定的遥测站分类码、功能码、编码要素及标识符、遥测站参数配置标识符，可在预留的自定义区间内加以扩展定义。在 HEX/BCD 编码帧结构中，功能码、编码要素及标识符、遥测站参数配置应采用相应的编码方式。

（4）不同信道传输波特率的选择应满足 SL 61－2015 的相关规定。

（5）报文基本单元。报文基本单元为字节，每个字节包括 1 个起始位“0”、一个停止位“1”和 8 个数据位，无校验。帧基本单元结构见表 9.3。

表 9.3　帧基本单元结构（HEX/BCD 编码）

起始位	8 个数据位								停止位
0	D0	D1	D2	D3	D4	D5	D6	D7	1

（6）报文帧结构款框架规定。地下水监测站数据传输的通信协议应采用表 9.4 规定的报文帧结构，传输顺序为高位字节在前，低位字节在后。

表 9.4　地下水监测站上行报文帧结构

序号	名称		编码说明
1	报头	帧起始符	7E7EH
2		中心站地址	范围为 1～255。指以省（或流域机构）为单元，为县、市级以上分中心分配的中心站地址
3		遥测站地址	遥测站地址编码由 5 字节 BCD 码构成，首字节为 00，后 4 字节编码方式按照 SL 502－2010 执行。遥测站地址编制部门应保证遥测站地址的唯一性
4		密码	密码为 2 字节 HEX 码，由中心站生成。遥测终端应设定初始密码，入网后应及时更改
5		功能码	按报文功能选择功能码，详见 SL 651－2014 附录 B《表 B.1 功能码定义》

续表

序号	名称		编码说明
6	报头	报文上下行标识及长度	用2字节HEX编码。高4位用作上下行标识（0000表示上行，1000表示下行）；其余12位表示报文正文长度，表示报文起始符之后、报文结束符之前的报文字节数，允许长度为0001～4095
7		报文起始符	STX(02H)/SYN(16H)
8		包总数及序列号	报文起始符为SYN时编入该组，其他情况下省略
9	报文正文		
10	报文结束符		ETB(17H)/ETX(03H)
11	校验码		校验码前所有字节的CRC校验，生成多项式：X16+X15+X2+1，高位字节在前，低位字节在后

9.3.2.2 通信报文

地下水监测通信报文，分别有以下三类：①自报报文：地下水监测采用自报式工作方式，每日6次采集1次报送方式，采集时间确定为12:00、16:00、20:00、00:00、4:00、8:00，报送数据时间为每天8:00；该报文正文中，除监测参数以外，还应包括实时电源电压，用于监测站电源实时监测和必要时的电源告警；中心站在成功接收测站自报数据后，给该站返回“确认报”中取得中心站发报时间，以此用于本站校时；之后，监测站进入“值守”状态。②远程数据下载（中心站查询遥测站时段数据，为双向报文）：当中心站收到某个测站时段自报数据时，若中心站需查询该站某时段数据，则中心站立即下发数据下载命令报文，监测站收到该命令报文后，实时根据命令要求上传相关时段数据。③实时数据查询报（中心站查询监测站实时数据，为双向报文）：地下水监测站检测时应保持在线，中心站按需下发实时数据查询命令，监测站收到该命令报文后，同时上报埋深、水温和监测站电源电压（工作状态信息）实时数据。

1. 自报报文

（1）报文传输链路。

监测站自报报文的传输链路采用自报式报文传输 M2（发送/确认）传输模式（遥测站为通信发起端）。遥测站发出报文后，中心站接收报文正确，应响应发送“确认”报文；中心站接收报文无效，则不响应。其上行帧报文结束符为 ETB/ETX；下行帧为“确认”帧，报文结束符为 EOT/ESC。

（2）监测站自报报文（上行）。

监测站以时间（水位站、水质站）、时间或水位变化（流量站）为触发事件，按设定时间向中心站报送地下水信息，功能码为 32H。

1）水位站设定时间为每天早 8:00，发送采 6 发 1 的 6 组埋深、水温数据，同时报送本站电源电压。

2）水质站设定时间为每月 1、6、11、16、21、26 日早 8:00，发送实时水质采集数据，同时报送本站电源电压。

3）泉流量（水位）站每天早 8:00 以及流量监测水位超过设定变幅时，发送实时泉流量水位数据。8:00 报送泉流量水位时，同时报送本站电源电压。

A. 监测站定时自报（上行）报文由监测站启动，报文结构定义见表 9.5。

表 9.5 定时自报（上行）帧结构

序号	名称		传输字节数	说明
1	报头	帧起始符	2	7E7EH
2		中心站地址	1	1 字节 HEX，范围为 1～255。指以省（或流域机构）为单元，为县、市级以上分中心分配的中心站地址
3		遥测站地址	5	遥测站地址编码由 5 字节 BCD 码构成，首字节为 00，后 4 字节编码方式按照 SL 502－2010 执行。遥测站地址编制部门应保证遥测站地址的唯一性。
4		密码	2	密码为 2 字节 HEX 码，由中心站生成。遥测终端应设定初始密码，入网后应及时更改。中心站可具有远程统一修改遥测终端密码的功能

续表

序号	名称		传输字节数	说明
5	报头	功能码	1	代码 32H，按定时报报送
6		正文长度	2	用 2 字节 HEX 编码。高 4 位用作上下行标识（0000 表示上行，1000 表示下行）；其余 12 位表示报文正文长度，表示报文起始符之后、报文结束符之前的报文字节数，允许长度为 0001～4095
7		报文起始符	1	STX（代码 02H）
8	报文正文		不定长	
9	报文结束符		1	控制符 ETX（后续无报文，代码 03H）/ETB（后续有报文，代码 17H）
10	校验		2	检验码由 2 字节 HEX 构成，是校验码前所有字节的 CRC 校验，生成多项式：X16+X15+X2+1（高字节在前，低字节在后）

B．地下水监测要素编码标识符结构见表 9.6。

表 9.6　HEX/BCD 编码标识符结构规定

<table>
<tr><th>高位字节</th><th colspan="2">低位字节</th><th>说明</th></tr>
<tr><td>标识符引导符</td><td colspan="2">数据定义</td><td rowspan="4">要素标识符与遥测站配置参数标识符取值相同，用功能码区分是要素还是遥测站参数标识</td></tr>
<tr><td rowspan="3">通常为 1 字节 HEX 码，范围为 01H～FEH；当该字节取值 FFH 时，其后增加 1 字节扩展标识符</td><td>字节高 5 位</td><td>字节低 3 位</td></tr>
<tr><td>表示数据字节数</td><td>表示小数点后位数</td></tr>
<tr><td>字节数为扣除小数点后包含符号位的长度，范围为 0～32</td><td>范围为 0～7</td></tr>
</table>

C．地下水监测“参数标识符”结构。

按照 SL 651－2014 附录 C 表中用户自定义扩展区规定，定义“国家地下水监测工程（水利部分）项目”使用的“日监测参数标识符”，其组成为：自定义标示符 FFH、监测参数标识符（见 SL 651－2014 附录 C）和 6 组数据总长度（字节数）；地下水监测参数编码要素标识符与数据定义见表 9.7。

表 9.7　地下水监测参数编码要素标识符与数据定义

要素分类	标示符	编码要素	单位	数据定义
日水位	FF0EH 12H	日地下水埋深	米	六组 N(6,2)
日水质	FF03H 0CH	日水温	摄氏度	六组 N(3,1)
水位	0EH 1AH	地下水埋深	米	N(6,2)
水质	03H 11H	水温 WT	摄氏度	N(3,1)
水质	46H 12H	pH		N(4,2)
水质	48H 18H	电导率 COND	微西门/厘米	N(5)
水质	49H 10H	浊度 TURB	度	N(3)
水质	4CH 1BH	氨氮	毫克/升	N(6,3)
水质	77H 1BH	硝酸盐氮	毫克/升	N(5,3)
水质	78H　1AH	氟化物	毫克/升	N(5,2)
水质	79H　1AH	氯离子	毫克/升	N(5,2)
……	……	……		
水量	76H　1BH H	泉流量水位	米	N(5,3)
气压	08H 18H	气压	百帕	N(5)
气温	02H 19H	瞬时气温	摄氏度	N(3,1)
电源	38H 12H	电源电压	伏特	N(4,2)
通信	7AH 12H	信号强度		N(2)

表 9.7 中，除 SL 651－2014 附表 C 中规定的编码要素及标识符外，其余均为地下水监测工程（水利部分）项目规定。

（3）监测站校时

当中心站收到某监测站定时自报数据时，应实时回复监测站“确认”报文；当监测站收到该“确认”报文时，将使用报文中的发报时间予以校时；若时间偏差大于 2min，则校准监测站时间后进入“值守状态”；否则直接进入“值守状态”。

2. 远程数据下载报文

远程数据下载报文为双向报文，用于中心站查询（远程读取/下载）遥测站时段数据。当中心站收到某测站 8:00 自报数据时，若中心站需查询（远程读取/下载）该站某时段数据，则立即下发数据下载命令报文，测站收到该命令报文后，实时根据命令要求上传相关时段数据。

（1）远程数据下载报传输链路。

远程数据下载报传输链路采用查询应答式报文传输 M3（查询请求/响应传输）模式（中心站为通信发起端）。遥测站在接收到中心站的请求报文后，连续发出多包报文后，中心站正确接收全部数据包，仅响应回答 1 次确认报文。其上行帧报文结束符为 ETB/ETX；下行帧为 ENQ/EOT。

（2）远程数据下载（下行）报文。

由中心站发送的中心站查询（远程读取/下载）遥测站时段数据报文结构定义见表 9.5，正文结构见表 9.8，其功能码为 38H。

表 9.8 远程数据下载报（下行）帧结构

序号	名称		传输字节数	说明
1	报头	帧起始符	2	7E7EH
2		遥测站地址	5	见表 9.5 说明
3		中心站地址	1	见表 9.5 说明
4		密码	2	见表 9.5 说明
5		功能码	1	中心站查询遥测站时段数据功能码为 38H
6		报文上下行标识及长度	2	见表 9.5 说明
7		报文起始符	1	STX（代码 02H）
8		包总数及序列号	3	见表 9.5 说明
9	报文正文		定长	见表 9.5
10	报文结束符		1	ENQ（代码 05H）作为下行查询及控制命令帧的报文结束符
11	校验码		2	见表 9.5 说明

（3）远程数据下载（上行）报文。

远程数据下载（上行）报文由监测站根据中心站要求完成上行数据包报送，报文结构定义见表9.9。

表9.9　远程数据下载报上行报文帧结构

序号	名称		传输字节数	说明
1	报头	帧起始符	2	7E7EH
2		中心站地址	1	见表9.7说明
3		遥测站地址	5	见表9.7说明
4		密码	2	见表9.7说明
5		功能码	1	中心站查询遥测站时段数据功能码为38H
6		正文长度	2	见表9.7说明
7		报文起始符	1	STX（02H）/SYN（16H）
8	报文正文		不定长	见表9.7
9	报文结束符		1	控制符ETX（后续无报文，03H）/ETB（后续有报文，17H）
10	校验		2	见表9.7说明

3．实时数据查询报文

实时数据查询报文为双向报文，用于地下水监测仪器实验室检测及模拟野外比测，中心站查询监测站实时数据。检测时监测站应保持在线，中心站按需下发实时数据查询命令，监测站收到该命令报文后，实时上报埋深、水温和监测站电源电压（工作状态信息）数据。

（1）实时数据查询报传输链路。

实时数据查询报传输链路采用查询应答式报文传输M4（查询请求/响应传输）模式（中心站为通信发起端）。遥测站在接收到中心站的请求报文后，发出实时监测响应报文，中心站正确接收数据包后，回答确认报文。其上行帧报文结束符为ETB/ETX；下行帧为ENQ/EOT。

（2）实时数据查询报（下行）帧结构。

由中心站发送的实时数据查询报（下行）帧结构定义见表 9.10，其功能码为 37H。

表 9.10 实时数据查询报（下行）帧结构

序号	名称		传输字节数	说明
1	报头	帧起始符	2	7E7EH
2		遥测站地址	5	见表 9.7 说明
3		中心站地址	1	见表 9.7 说明
4		密码	2	见表 9.7 说明
5		功能码	1	中心站查询遥测站实时数据功能码为 37H
6		报文上下行标识及长度	2	见表 9.7 说明
7		报文起始符	1	STX（代码 02H）
8		包总数及序列号	3	见表 9.7 说明
9	报文正文		定长	帧内容，见表 9.7
10	报文结束符		1	ENQ（代码 05H）作为下行查询及控制命令帧的报文结束符
11	校验码		2	见表 9.7 说明

（3）实时数据查询报（上行）帧正文。

监测站实时数据查询报（上行报文）由监测站根据中心站要求发送数据包报，报文结构定义见表 9.11。

9.3.2.3 备用信道

1. 公网短信信道（GSM-SMS CDMA-SMS）

限制条件：运行商开放给用户的数据包长度为 140 字符，为此，数据传输的 HEX/BCD 编码的字节长度限定小于 70 个字节；为此，本项目不推荐。

表 9.11　实时数据查询报（上行）帧结构

序号	名称		传输字节数	说明
1	报头	帧起始符	2	7E7EH
2		中心站地址	1	见表 9.7 说明
3		遥测站地址	5	见表 9.7 说明
4		密码	2	见表 9.7 说明
5		功能码	1	实时数据查询报功能码为 37H
6		报文上下行标识及长度	2	见表 9.7 说明
7		报文起始符	1	STX（代码 02H）
8		包总数及序列号	3	见表 9.5 说明
9	报文正文		定长	测试报正文见表 9.7
10	报文结束符		1	控制符 ETX（03H 后续无报文）
11	校验码		2	见表 9.7 说明

2. 北斗卫星信道

限制条件：运行商开放给用户的数据包长度为 98 字节/4G 卡、76 字节/3G 卡和 45 字节/普卡，为此，数据传输的字节长度限定小于 98 字节/4G 卡、76 字节/3G 卡和 45 字节/普卡；并且，发送频次限定为 1 次/分钟。因此，本项目使用 98 字节/4G 卡，满足监测站采 6 发 1 的工作模式；且在该信道组网的系统内不具备数据远程下载功能。

9.4　农田智能灌溉可视化系统设计

9.4.1　农田智能灌溉可视化需求

可视化（Visualization）就是利用计算机图形学和图像处理技术，将数据转换成图形或图像在屏幕上显示出来，并进行交互处理的理论、方法和技术。它涉及计算机图形学、图像处理、计算机视觉、计算机辅助设计等多个领域，是研究数据表示、数据处理、决策分析等一系列问题的综合技术。目前正在飞速发展的虚拟现实技术也是以图形图像的可视化技术为依托的。

9.4.2 应用领域

可视化技术多应用于计算机科学中，并且在计算机科学领域形成了一个重要的分支——科学计算可视化，这项技术已经应用到了多个科技领域，并且已经逐渐发展成为了一门重要的学科。

在最近的这些年里，计算机图形学的发展让三维表现技术得以形成，这些三维表现技术使我们能够再现三维世界中的物体，能够用三维形体来表示复杂的信息，这种技术就是可视化（Visualization）技术。

目前发展的虚拟现实技术以及 VR 技术，对于可视化技术的发展起到了推进的作用。

9.4.3 可视化编程

可视化编程即可视化程序设计：以“所见即所得”的编程思想为原则，力图实现编程工作的可视化，即随时可以看到结果，程序与结果的调整同步。

可视化编程语言的特点主要表现在两个方面：一是基于面向对象的思想，引入了类的概念和事件驱动；二是基于面向过程的思想，程序开发过程一般遵循以下步骤，即先进行界面的绘制工作，再基于事件编写程序代码，以响应鼠标、键盘的各种动作。

9.4.4 基于 Qt 的农田灌溉监控信息化系统

Qt 是一个跨平台的 C++图形用户界面库，由挪威 TrollTech 公司出品，目前包括 Qt、基于 Framebuffer 的 Qt Embedded、快速开发工具 Qt Designer、国际化工具 Qt Linguist 等部分，Qt 支持所有 UNIX 系统，当然也包括 Linux 系统，还支持 WinNT/Win2k、Win95/98 平台。

Qt 是一个 1991 年由 Qt Company 开发的跨平台 C++图形用户界面应用程序开发框架。Qt 是面向对象的框架，使用特殊的代码生成扩展［称为元对象编译器（Meta Object Compiler，MOC）］以及一些宏，并且 Qt 很容易扩展，并且允许真正地组件编程。

基本上，Qt 同 X Window 上的 Motif、Openwin、GTK 等图形界面库和 Windows 平台上的 MFC、OWL、VCL、ATL 是同类型的东西。农田智能灌溉系统界面如图 9.2 所示。

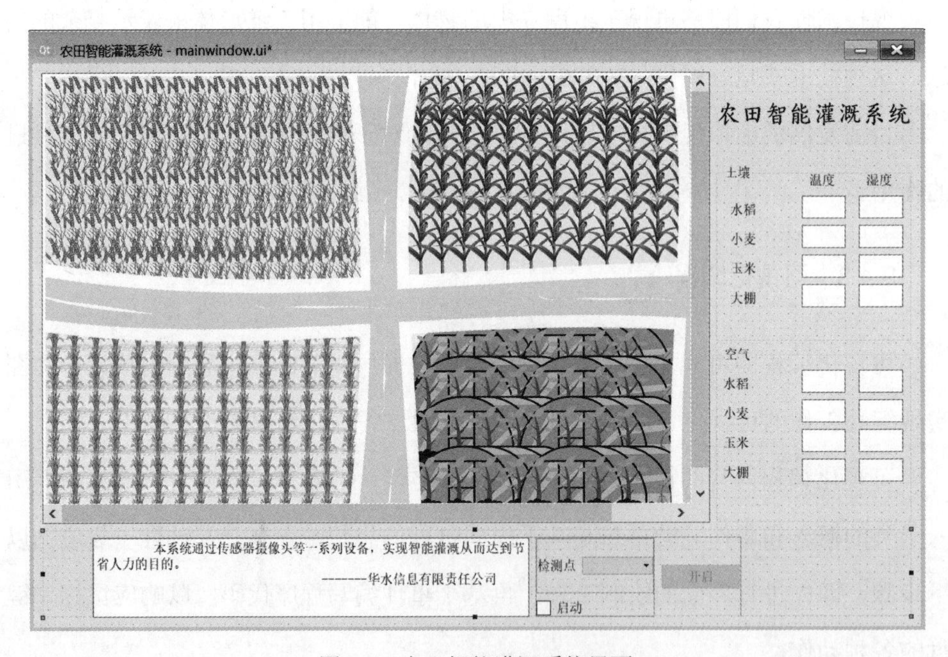

图 9.2　农田智能灌溉系统界面

Qt 不只是一个界面库，也是 C++编程思想的集大成者。它是得到完善的 C++应用程序框架。使用 Qt，在一定程度上获得的是一个“一站式”“全方位”的解决方案。STL、string、XML、数据库、网络这些零散的功能都包含在 Qt 中，并且得到了封装，以供开发者使用。

9.5 本章小结

本章对水利信息采集和可视化建设进行了实践，设计了农田智能灌溉信息化监控系统。该系统以 STM32 单片机为核心，采用了土壤温湿度、空气的温湿度、水泵及摄像头等信息，并通过 Wi-Fi 无线模块进行无线传输。该系统能自动对土壤及空气温湿度进行监测，最后设计了基于 Qt 的智能灌溉监测系统，实现了水利信息在线采集、处理及可视化等功能。

参考文献

[1] 寇继虹．我国水利信息化建设现状及趋势[J]．科技情报开发与经济，2007，17（1）：89-90．

[2] 贾琳娜．基于物联网的水情测报系统[D]．太原：太原理工大学，2016．

[3] 沈中心，李生，董政．水质监测标准与方法探究[J]．北方环境，2013（10）：87-88．

[4] 肖秋香．地表水水质监测现状及对策分析[J]．农村经济与科技，2016（8）：5-6．

[5] 莫莉，陈丽华．地表水水质监测指标体系现状综述[J]．南昌工程学院学报，2014，33（4）：71-73．

[6] 杨晓华．基于 WEB 的水库水情自动测报系统的研究与设计[D]．济南：山东农业大学，2012．

[7] 李渭新．水情自动测报系统的研究与应用[D]．成都：四川大学，2002．

[8] 古天祥，王厚军，习友宝．电子测量原理[M]．北京：机械工业出版社出版，2006．

[9] 王化祥，张淑英．传感器原理及应用[M]．3 版．天津大学出版社，2007．

[10] 胡向东，唐贤伦，胡蓉．现代检测技术与系统[M]．北京：机械工业出版社，2015．

[11] 钱爱玲，钱显毅．传感器原理与检测技术[M]．2 版．北京：机械工业出版社，2015．

[12] 姚建铨．物联网与智慧城市的关系[J]．枣庄学院学报，2013（2）：1-4．

[13] 孙鹏．动车组维修物联网及其关键技术研究[D]．北京：中国铁道科学研究院，2013．

[14] 高川翔．面向智能家居的物联网体系结构研究[J]．信息系统工程，2014（9）：21-22．

[15] E.Welbourne, L.Battle, G.Cole, et al. Building the internet of things using RFID:the RFID ecosystem experience[J]. IEEE internet computing, 2015（3）：48-55．

[16] 李修福．智慧旅游初步研究[D]．南京：东南大学，2012．

[17] 廖伟．物联网发展指数及其评价体系研究[D]．北京：北京交通大学，2014．

[18] 吴虹．水资源的刑事立法保护研究[D]．太原：山西财经大学，2008．

[19] 王行伟．我国水资源状况不容乐观[J]．党政干部学刊，2001（9）：1672-1673．

[20] 徐达．浅析水资源可持续利用与发展[J]．乡村科技•资源与环境，2012（6）：91-92．

[21] 伍文辉．华南地区 2004 年夏旱和 2005 年夏涝的特征分析及气候模拟研究[D]．广州：中山大学，2009．

[22] 郝书君．GPRS 技术在水情自动测报系统中的应用[J]．城市建设理论研究，2012（15）：23-25．

[23] 焦向丽．基于 WAP 的水情自动测报系统设计与实现[D]．武汉：华中科技大学，2007．

[24] 何春燕．灌区水情自动测报系统研究与应用[D]．石河子：石河子大学，2008．

[25] 李玉荣．公伯峡水电站洪水预报及控制研究[D]．西安：西安理工大学，2002．

[26] 江伟国．水情信息采集与传输技术研究[D]．南京：东南大学，2008．

[27] 舒怀．基于 GPRS 技术的水雨情测报系统的研究和实现[D]．武汉：武汉理工大学，2007．

[28] 宁杰城．基于 IAP 技术的水情测报终端[D]．成都：四川大学，2005．

[29] 刘阳．基于嵌入式系统的水情自动测报系统设计与实现[D]．重庆：重庆大学，2008.

[30] 王青惠．国内外水库水情测报技术进展综述[J]．城市建设理论研究，2014，17：804.

[31] 黄志．水位遥测系统在水情测报中的应用及问题分析[J]．电子技术与软件工程，2014（21）：161.

[32] 刘冀．径流分类组合预报方法及其应用研究[D]．大连：大连理工大学，2008.

[33] 孟祥锦．水情测报系统数据采集和传输的设计及研发[D]．成都：四川大学，2006.

[34] 冯伟．山西汾河水库水情自动测报系统的改进开发[D]．太原：太原理工大学，2012.

[35] 曾晓曲．谈如何提高地面测报工作的质量[J]．农业与技术，2013（12）：411.

[36] 裴哲义．水电厂水情自动测报系统和电网水调自动化系统的发展回顾与展望[J]．水力发电，2010（10）：65-68.

[37] 魏克武．新疆下坂地水库洪水测报及调度系统的研究[D]．西安：西安理工大学，2005.

[38] 张志栋．全天候流域河道水情现场采集系统的设计与研制[D]．太原：太原理工学，2009.

[39] 吴如兆．传感器网络[J]．中国仪器仪表学，2005（8）：55.

[40] 周建芳．线路供电水情遥测终端的设计[D]．南京：河海大学，2006.

[41] 冯伟．山西汾河水库水情自动测报系统的改进开发[D]．太原：太原理工大学，2012.

[42] 刘明堂．基于多源多尺度数据融合的黄河含沙量检测模型研究[D]．郑州：郑州大学，2015.

[43] 王光谦．河流泥沙研究进展[J]．泥沙研究，2007（2）：64-81.

[44] 穆兴民，王万忠，高鹏，等．黄河泥沙变化研究现状与问题[J]．人民黄河，2014，36（12）：1-7.

[45] 李德贵，罗珺，陈莉红，等．河流含沙量在线测验技术对比研究[J]．人民黄河，2014，36（10）：16-19.

[46] 水利部水利局．江河泥沙测量文集[M]．郑州：黄河水利出版社，2000.

[47] Chung C C, Lin C P.High concentration suspended sediment measurements using time domain reflectometry[J]. Journal of hydrology，2011，401（1）：134-144.

[48] Guerrero M, Rüther N, Archetti R.Comparison under controlled conditions between multi-frequency ADCPs and LISST-SL for investigating suspended sand in rivers[J]. Flow measurement and instrumentation, 2014，37：73-82.

[49] Haun S, Rüther N, Baranya S, et al.Comparison of real time suspended sediment transport measurements in river environment by LISST instruments in stationary and moving operation mode[J]. Flow measurement and instrumentation, 2015，41：10-17.

[50] 刘明堂，张成才，荆羿，等．基于非线性数据融合的冰层厚度自动测量应用研究[J]．应用基础与工程科学学报，2014，22（5）：887-895.

[51] 黄晓辉，秦建敏，王丽娟，等．基于 ZigBee 技术的黄河河道冰情多点监测系统设计[J]．数学的实践与认识，2013，43（2）：14-19.

[52] 樊晋华，窦银科，秦建敏，等．同面多极电容感应式冰层厚度传感器的设计及应用[J]．数学的实践与认识，2013，43（5）：79-84.

[53] Richter-Menge J A, Perovich D K, Elder B C, et al.Ice mass-balance buoys:a tool for measuring and attributing changes in the thickness of the Arctic sea-ice cover[J]. Annals of glaciology, 2006，44（1）：205-210.

[54] Shi W, Wang B, Li X.A measurement method of ice layer thickness based on resistance-capacitance circuit for closed loop external melt ice storage tank[J].

Applied thermal engineering, 2005，25（11）：1697-1707.

[55] 季伟峰．地质灾害防治工程中监测新技术的开发应用与展望：地质灾害调查与监测技术方法论文集[C]．北京：中国大地出版社，2005：53-57.

[56] 石菊松，石玲，吴树仁．滑坡风险评估的难点和进展[J]．地质论评，2007，53（6）：797-806.

[57] 王念秦，王永锋，罗东海，等．中国滑坡预测预报研究综述[J]．地质论评，2008，54（3）：355-361.

[58] 徐进军，王海城，罗喻真，等．基于三维激光扫描的滑坡变形监测与数据处理[J]．岩土力学，2010，31（7）：2188-2191.

[59] 薛强，张茂省，唐亚明，等．基于 DEM 的黑方台焦家滑坡变形分析[J]．水文地质工程地质，2011，38（1）：133-138.

[60] 章书成，余南阳．泥石流早期警报系统[J]．山地学报，2010（3）：379-384.

[61] Yin Y, Wang H, Gao Y, et al.Real-time monitoring and early warning of landslides at relocated Wushan Town, the Three Gorges Reservoir, China[J]. Landslides, 2010，7（3）：339-349.

[62] 陶志刚，张海江，彭岩岩，等．滑坡监测多源系统云服务平台架构及工程应用[J]．岩石力学与工程学报，2017（7）：126-126.

[63] 李旦江，储海宁．对大坝渗压监测中两个问题的看法[J]．大坝与安全，2005（5）：39-43.

[64] 刘彩花．汾河水库土石坝渗流特性多模型预警研究[D]．太原：太原理工大学．2015.

[65] 郑辉．基于 GPRS 的大坝渗流监测系统研究与实现[D]．北京：北京交通大学，2011.

[66] 李旦江，储海宁．对大坝渗压监测中两个问题的看法[J]．大坝与安全，2005（5）：39-42.

[67] 赵继伟．水利工程信息模型理论与应用研究[D]．北京：中国水利水电科学研究院，2016.

[68] 陈军飞，邓梦华，王慧敏．水利大数据研究综述[J]．水科学进展，2017，28（4）：622-631.

[69] 陈蓓青，谭德宝，田雪冬，等．大数据技术在水利行业中的应用探讨[J]．长江科学院院报，2016，33（11）：59-62，67.

[70] 冯钧，许潇，唐志贤，等．水利大数据及其资源化关键技术研究[J]．水利信息化，2013（4）：6-9.

[71] 姚永熙．地下水监测方法和仪器概述[J]．水利水文自动化，2010，(1)：6-13.